선택된 자연

생물학이 사랑한 모델생물 이야기

선택된 자연,
생물학이 사랑한 모델생물 이야기

1판 1쇄 발행 2020. 2. 25.
1판 2쇄 발행 2020. 4. 10.

지은이 김우재

발행인 고세규
편집 이예림, 이승환 디자인 지은혜 마케팅 윤준원 홍보 박은경
발행처 김영사

등록 1979년 5월 17일 (제406-2003-036호)
주소 경기도 파주시 문발로 197(문발동) 우편번호 10881
전화 마케팅부 031)955-3100, 편집부 031)955-3200 | 팩스 031)955-3111

값은 뒤표지에 있습니다.
ISBN 978-89-349-9218-9 03470

홈페이지 www.gimmyoung.com 블로그 blog.naver.com/gybook
페이스북 facebook.com/gybooks 이메일 bestbook@gimmyoung.com

좋은 독자가 좋은 책을 만듭니다.
김영사는 독자 여러분의 의견에 항상 귀 기울이고 있습니다.

이 도서의 국립중앙도서관 출판예정도서목록(CIP)은 서지정보유통지원시스템 홈페이지(http://seoji.nl.go.kr)와 국가자료공동목록시스템(http://www.nl.go.kr/kolisnet)에서 이용하실 수 있습니다.(CIP제어번호 : CIP2020005924)

선택된 자연

생물학이 사랑한 모델생물 이야기

김우재

김영사

일러두기

1. 이 책은 월간 〈과학과 기술〉에 '생물학 이야기'로 연재된 24회분 원고를 다시 다듬고 내용을 더하여 재구성한 것이다.
2. 권말에 실린 모델생물 연표는 다음 자료를 한글화한 것이다.
   Davis, R. H. (2004). The age of model organisms. *Nature Reviews Genetics*, 5(1), 69.

세상의 수많은 남성들 중 나를 선택해준

삶의 동반자 이건애와,

우리 둘의 유전적 계승자 김시아에게

추천의 글

물리나 화학과는 달리 생물학자들의 모델은 '생물'일 수밖에 없다는 점을 이 책을 통해 알게 되었습니다. 자연이 오랜 시간을 들여 만들어놓은 엄청나게 복잡한 생물을 대상으로 연구하는 과정이 얼마나 지난한 것인지도 알게 되었습니다. 제가 생물학이 아니라 공학을 전공한 것이 다행이라는 생각이 들었습니다. 생물학자로서 갖는 지적 호기심에 답을 줄 수 있는 모델생물을 찾거나 새로이 수립하는 과정을 초파리 과학자 김우재 교수는 이 책에서 역사적, 사회적 맥락을 곁들여 쉽고 재미있게 풀어 설명하고 있습니다. 한발 더 나아가, 그러한 생물학적 방법론을 렌즈로 해서 사회를 살펴본 점은 저자의 깊은 과학적, 철학적 사고에서 우러나오는 통찰력을 느끼게 합니다. 과학적 사고를 통한 사회의 변혁에 관심 있는 모든 분들께 권하고 싶은 책입니다.

_최기영(과학기술정보통신부 장관)

인류의 생존을 위해 희생되는, 혹은 생명 현상을 밝히는 데 사용되는 생명체에 관해 기술한 이 책은, 아무리 잘 포장해 말할지라도 결국 인류가 여러 생물에게 큰 빚을 지고 있음을 명확히 알려준다. 지구상에 존재하는 생명체들이 똑같은 분자생물학적 설계에 의해 작동한다는 신비가 생물학자에게는 축복이다. 같은 재료로 작동되는 다양한 생물들이 인간과 함께 지구상에 공존하고 있으니 인간과 생명체들은 한 가족이 아닐까?

_조진원(한국분자세포생물학회장)

한국사회에 과학 비평가로 잘 알려진 김우재 교수가 다양한 모델생물과 그에 얽힌 생물학 역사를 일반인들이 알기 쉽도록 풀어쓴《선택된 자연》은 대장균부터 애기장대, 옥수수, 인간 암세포주까지 거의 모든 모델생물을 망라하고 있으며, 김 교수의 시선으로 생물학의 역사를 재해석하고 있다. 한번 읽기 시작하면 손에서 놓기 어려운 재미와 지식을 포함하고 있다. 다만 아쉬운 것은 김 교수의《플라이룸》에서 상세히 언급되었지만 가장 중요한 모델생물 초파리 이야기가 생략되어 있다는 점이다.

_유권(초파리 유전학자, 한국생명공학연구원 책임연구원)

이 책을 읽고, 신경생물학자로 지금까지 초파리의 행동과 생리를 연구해오면서, 내가 연구하는 모델생물인 초파리에 대해 얼마나 생각해보았는지 반성했다. 《선택된 자연》은, 생물학자들이 필요로 하고 사랑하는 모델생물들에 대한 일반인들의 이해를 넓혀줄 뿐 아니라, 실제 현장에서 모델생물로 연구하는 생물학자들이 자신의 작업을 좀 더 깊이 생각해볼 계기를 마련해줄 수 있는 책이라고 생각한다. 현장의 생물학자들이 이 책을 자신의 동료와 선후배들에게 권하기를 바란다. 이제 한국에서도 멋진 연구를 하는 훌륭한 과학자가 많이 배출되고 있는데, 이 책이 그 발전에 촉매가 되길 바란다.

_서성배(초파리 유전학자, 카이스트 생명과학과 교수)

19세기에 찰스 다윈이 《종의 기원》에서 '자연선택'의 원리를 제시했다면, 21세기를 사는 초파리 과학자 김우재 교수는 《선택된 자연》에서 모델생물의 과거와 현재의 이야기를 흥미진진하게 풀어놓는다. 이 책을 읽으면서 한때 분자생물학을 전공하고자 했던 청소년 시절의 치기 어린 열망이 고스란히 현실로 소환되는 흥미로운 경험을 했다. 과학자에게 좀처럼 모험을 허락하지 않는 현대사회에서, 과학자의 멸종을 막기 위해 다양한 시도를 해내고 있는 김우재 교수의 과학과 사회에 대한 급진적인 열정을 응원한다.

_황정아(물리학자, 한국천문연구원 책임연구원)

김우재 교수의 표현대로 생명과학은 '선택된 자연'을 연구하는 학문이고, 그래서 생명과학자는 바로 '모델생물의 과학'을 하는 셈이다. 그가 선택한 26종 모델생물의 이야기를 따라가노라면 새로운 방식의 생명 경험 여행을 하게 된다. 솔직히 '한 과학자의 고민을 담은 국내 저서 중에서 아마 이만한 글도 없을 것이다'라는 자찬은 인정할 만하다. 대장균 이야기를 하면서, 유행만 쫓으며 사는 과학계의 치부를 공개한다는 것은 매우 드문 수준의 지적 성취이기 때문이다.

_김사열(경북대학교 생명과학부 교수)

고등학교 때 생물반에서 개구리의 거대 염색체를 현미경으로 보며 탄성을 지를 때도, 우주비행을 수천 마리의 초파리와 함께 할 때도, 항공우주연구원의 연구원으로 우주실험 개발을 위해 예쁜꼬마선충을 키우고 테스트하고 관찰하면서도, 그 실험에 최적화된 친구들이라는 사실만 알고 지나친 제가 얼마나 무지했는지를 《선택된 자연》이 되새겨 주었다. 김우재 박사 덕분에 과거 친구들과 다시 만나게 되었고, 이제야 그 친구들의 진정한 의미를 깨닫게 된 것 같다.

_이소연(한국 최초 우주인)

차례

들어가며

이 책을 구상하게 된 것은 미국에서 박사후연구원으로 초파리 행동유전학에 흠뻑 빠져 있던 2011년 무렵이었다. 한국과학기술단체총연합회에서 발간하는 잡지 월간 〈과학과 기술〉에 글을 써달라는 모교 은사의 부탁으로, 예전부터 생각해오던 모델생물들에 대한 이야기를 한 달에 한 번 써나가기 시작한 것이 이 책의 시작이다.

이 책에는 과학자로 살아온 내 삶의 많은 사연이 배경으로 깔려 있다. 하지만 그런 사연들에 대한 이야기는 훗날을 기약하기로 하고, 독자들에게 미리 말해둘 것이 있다. 이 책에는 생물학의 가장 위대하고 유명한 모델생물인 초파리*Drosophila melanogaster*에 대한 장이 없다. 이 책에서 다루었어야 할 초파리에 관한 이야기를 이미 2018년 12월 김영사에서 《플라이룸》이라는 제목으로 출판했기 때문이다. 그래서 가장 유명한 모델생물인 초파리는 이 책에서 아예 찾을 수 없다.

책의 제목을 정하면서 다윈을 생각했다. 어쩌면 다윈이야말로 모델생물에 관해 가장 할말이 많은 학자일지 모른다. 자연사의 전통에서 비글호를 타고 갈라파고스 제도의 야생동물을 관찰하던 그가 자연선택에 관한 가장 결정적인 확신을 얻게 된 것은 당시 육종가들이 기르던 개와 비둘기 따위의 모델생물 때문이었다. 다윈은 모든 종을 연구하고 나서《종의 기원》을 집필한 게 아니다. 그는 선택된 몇 종의 생물들로부터 영감을 얻어 위대한 생물학의 원리를 발견했다. 즉, 다윈은 '선택된 자연'에서 '자연선택'의 원리를 얻었다. 이 책의 제목은 그런 의미를 담고 있다. 그리고 실제로 대부분의 생물학자는 자연에서 선택된 단 하나의 종을 연구하다 죽는다. 생물학은 '선택된 자연'을 연구하는 학문이다.

아우구스트 크로그August Krogh라는 과학자가 그의 논문 〈생리학의 진보The Progress of Physiology〉에서 언급한 짧은 문장이 '크로그의 원칙Krogh's principle'이라는 이름으로 알려져 있다(30장 참고). 크로그의 원칙은 생물학의 각 문제들을 해결하려 할 때, 그 문제에 가장 알맞은 생물을 반드시 찾아낼 수 있다는 경험칙이다. 즉, 생물학자에게 모델생물을 선택하는 일은 자신이 일생에 걸쳐 풀고자 하는 문제의 성패를 좌우하는 중요한 갈림길이다. 생물학의 양자量子를 찾아 물리학에서 생물학으로 건너온 막스 델브뤼크는 파지 그룹을 만들어 분자생물학의 중흥기를 열었음에도 불구하고, 처음엔 모건의 초파리 연구실에서 호되게 고생을 하다가 박테리오파지로 모델생물을 바꾼다. 하지만 그가 고른 곰팡이는 델브뤼크가 그토록 열망하던 생물학의 양자를 발견하는 데 아무런 도움이 되지 못했고, 물리학의 양자와 같은 존재를 발견하겠다던 델브뤼크의 열망은 물거품이 되고 말았다.

델브뤼크의 실험실에서 연구했던 시모어 벤저는 박테리오파지로 젊은 시절 승승장구했으면서도 어느 날 갑자기 초파리로 모델생물을 바꿔 행동유전학이라는 거대한 연구 분야를 시작했다. 벤저와 마찬가지로 파지 그룹의 일원이었던 시드니 브레너도 박테리오파지를 떠나 예쁜꼬마선충이라는 벌레로 새로운 유전학 분야를 만든다. 지금은 이렇게 새로운 모델생물로 모험을 떠나는 학자가 많지 않지만, 생물학은 델브뤼크, 벤저, 브레너처럼 새로운 모델생물을 찾아 위험을 감수한 이들이 일구어낸 학문이다. 오늘날 지나치게 심해지는 연구비, 논문 경쟁이 20세기 중반의 젊은 과학자들처럼 새로운 모델생물에 도전할 기회를 빼앗아가고 있는 것은 불행한 일이다.

이 책엔 모델생물로 인간과 과학자가 등장한다. 책의 말미에 인간과 과학자를 하나의 종으로 넣은 것은 일종의 패러디이다. 생물학 연구가 의생명과학으로 변형되는 현실에 대한 패러디이자, 그런 현실 속에서 점점 멸종해가는 과학자가 유행 따라 차고 기우는 모델생물의 운명과 비슷하다는 생각을 담았다. 실상 이 책의 핵심 주제이기도 하지만, 모델생물의 운명은 원래 기구하다. 선택된 모델생물이 적합하더라도, 그건 순간적이거나 국소적이거나 지엽적이기 일쑤인데, 이는 모델생물의 선택이 맥락적이기 때문이다. 과학적 문제뿐만 아니라 진화하는 기술과 변화하는 사회적, 제도적 지원에 따라 모델생물의 선택은 영향을 받는다. 처음엔 패러디로 시작한 글이 점점 진지해진 까닭은 랜슬롯 호그벤Lancelot Hogben이라는 과학자를 마주했기 때문이다. 그는 글을 쓰며 자만하던 내게 다음과 같은 말로 일침을 놓았다.

"아무리 천부적인 사람일지라도 역사 속의 한 시점에서의 한 개인의 공헌은 사회적 유산의 총합에 비하면 작은 것에 불과하다. 아무리 천부적인 사람일지라도 역사 속의 한 시점에서의 한 개인의 영향력은 그 시대를 점유하는 사회적 가치와 당대의 가용한 사회적 포용성에 의존한다."[1]

그의 두꺼운 책 《시민을 위한 과학Science for the Citizen》을 다 읽을 능력은 없었지만, 그의 인생으로부터 진한 동지애를 느꼈다. 부유하지 않은 집안에서 태어나 고향인 영국이 아닌 세계를 떠돌아야 했지만, 래디컬하게 사회운동에 헌신했던 과학자. 나는 호그벤에게서 어쩌면 조금은 내 처지에 대한 위로를 얻었다고 고백해야 할지도 모르겠다. 책의 말미가 투쟁적인 어조를 띠게 된 것은 모두 그 때문이다.

글을 쓰는 지금은 이미 초파리 유전학으로 대학에서 버틴다는 게 불가능함을 깨달은 이후다. 아마 이 책이 사람들의 입에 오르내릴 시기엔 내 삶은 달라져 있을 것이다. 그것이 모델생물의 운명이자, 현실에 적응하지 못하는 기초과학자의 운명이기도 하다.

그렇다고 좌절하거나 패배주의자처럼 현실을 인정하고 주저앉을 생각은 없다. 과학과 사회 모두를 위해 싸울 것이다. 하지만 그 길이 투쟁이라기보다 즐거운 걸음이 되길 바란다. 에라스뮈스의 말처럼 '웃으면서 가르치고, 즐기면서 배우길Docere ridendo, discere ludendo' 바라고, '진리를 웃으면서 말할 수Ridentem dicere verum' 있기를 간절히 소망한다. 그리고 언제나 힘이 되어주는 니체의 말처럼 웃으며 걸어야 한다. 모든 좋은 것들은 웃으며, 웃음이야말로 가장 인간적인 행동이기 때문이다. 그리고 그 인간적인 것의 가장 어려운 곳에 과학이 놓여 있다.

이 책이 나오기까지 많은 이들의 수고가 있었다. 언제나 나를 지원해주는 아내 이건애와 딸 김시아에게 감사한다. 처음 이 허술한 글에 관심을 보여준 이상술 선생과, 〈과학과 기술〉에 글을 싣게 추천해준 이준호 교수에게 감사한다. 부끄러운 글이다. 하지만 한 과학자의 고민을 담은 국내 저서 중에서 아마 이만한 글도 없을 것이다. 한국 과학자들의 건투를 빈다.

2020년 2월

김우재

01

몇몇 생물에 관하여

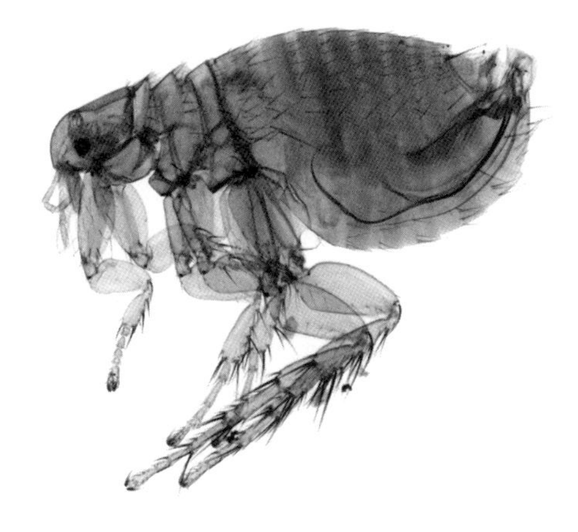

"대부분의 사람들에게 그다지 매력적으로 보이지 않는 역겨운 동물에 관한 연구도, 그 동물을 설계한 원리를 찾아나가는 과정 자체는 사물의 원인을 연구하는 학문처럼 철학인 것이다. 그러므로 우리는 동물에 대한 연구를 천하게 여겨서는 안 되며, 그런 생각이야말로 유치하다고 할 수 있다. 자연의 모든 부분은 경이로움으로 가득 차 있다."[1]

아리스토텔레스

생물학을 과학의 여왕으로 만든 '인간유전체계획HGP'의 영향 때문인지, 이제 생물학 연구는 곧 '인간에 대한 연구'라는 생각이 널리 퍼져 있는 듯하다. 생물학계에서 획기적인 발견이 이루어질 때마다, 언론의 보도는 그 발견이 인간 질병의 치료에 어떻게 응용될 수 있을 것인지에 초점을 맞춘다. 이제는 일상이 되어버린, 생물학을 둘러싼 이 변화를 어떻게 이해해야 할지는 잘 모르겠다. 하지만 의학자가 아닌 이상, 대부분의 생물학자들은 '모델생물'에 대한 연구를 하고 있다. 물리학자가 쿼크나 블랙홀을 직접 연구하지 못하듯, 생물학자도 직접 인간을 연구할 수 없다. 인간을 대상으로 한 무차별적인 실험이 여러 이유로 불가능하기 때문이다.

생물학자들은 자신을 '면역학자'라든가 '유전학자' 등으로 거창하게 소개하곤 하지만, 그건 생물학을 잘 모르는 사람들에게나 소개할 때의 일이다. 생물학자들끼리 만나는 장소에서 "저는 유전학을 연구합니다"처럼 구태의연한 수사는 없다. 그런 어이없는 소개를 들은 상대방은 어리둥절한 얼굴로 이렇게 반문할 것이다. "뭐로 연구하시는데요?" 따라서 선수들끼리 서로를 소개할 때는 "저는 '초파리'로 행동유전학을 연구합니다"처럼 '초파리'라는 더 중요한 수식어가 필요하다.

현장의 생물학을 경험해보지 못한 대중이나 언론뿐 아니라, 실제로 현장에서 연구하는 생물학자들조차 자신의 모델생물이 연구에 어떤 영향을 미치는지 깊이 인지하지 못한다. 자신의 학문에 대한 철학적 성찰을 할 만큼 과학자들에게 여유가 없기 때문이기도 하지만, 현대의 과학교육이 그런 태도를 아예 가르치지 않기 때문이다. 따라서 대부분의 생물학자들은 자신의 모델생물에 대해 궁색할 정도로 무지하다. 즉, 해당 생물이 언제 모델생물이 되었는지, 누가 도대체 왜 그 종을 선택했으며 왜 그럴 수밖에 없었는지 같은 역사적이고 철학적인 문제들에 관해 생물학자들은 단편적인 지식밖에 가지고 있지 못하다. 물론 생물학 연구를 전문적으로 수행하는 학자들이 있지만 그들조차 모델생물 같은 주제엔 관심이 없다. 과학철학자들은 모델생물처럼 비루한 주제보다는 '세포이론'처럼 고상한 주제를 더 좋아한다. 과학사학자들은 모델생물보다는 위대한 과학자들의 일생에 더 관심이 많다. 과학사회학자들은 모델생물이 뭔지 아예 관심조차 없다.

하지만 과학자들에게 모델생물이란 단순한 소도구가 아니다. 생물학의 각 분야들이 겉으로 보기엔 면역학, 유전학, 유전체학, 혹은 최근에 유행하는 생물정보학 등으로 나누어진 것처럼 보일지 몰라도, 실제로 현장의 생물학은 모델생물을 축으로 분화되어 있기 때문이다. 물론 생물학자가 묻는 질문들은 모델생물이 달라도 보편적인 것이다. 하지만 모델생물에 따라 적용할 수 있는 기술에는 제한이 따르며, 따라서 어떤 모델생물을 선택하느냐 하는 문제는 단순히 탐구주제에 따라 결정되지 않는다. 즉, 철학자들이 생각하는 것처럼 현장의 과학자들은 이론적 작업에 의해서만 제한받는 것이 아니라, 모델생물이나 최신 기술과 같은 실험적 요소들에 의해 제한받고 있다는 뜻이다. 이렇게 선택된 모델생물은 때론 해당 학계의 문화를 만들고 해당 분과학문의 스타일까지 변화시킨다.

예를 들어 생물학계엔 면역학회, 유전학회, 유전체학회 같은 학회들도 존재하지만 초파리학회, 선충학회, 애기장대학회 같은 학회들도 즐비하다. 아니 오히려 그런 학회들의 규모가 더 큰 경우가 많다. 이처럼 생물학의 분과들이 탐구주제뿐 아니라 모델생물에 의해 나누어지기도 하는 이유는 모델생물이라는 도구가 생물학자들에게 무의식적으로 중요한 인식론적 기능을 하고 있기 때문이다.

모델생물을 이용한 연구가 생물학에서 중요한 한 가지 이유는 '지식의 보편적 공유 가능성' 때문이다. 지구상의 생물종은 헤아릴 수 없을 정도로 다양하기에 그 다양한 생물종 모두에서 보편적인 원리를 발견한다는 것도 그만큼 어려운 일이다. 면역학의 어떤 발견이 초파리와 생쥐에서 각각 다른 방식으로 나타날 수 있지만, 적어도 해당 발견은 초파리와 생쥐 각각에서 진리가 된다. 물론 생물학엔 이 모든 종들에서의 다양성을 통일적으로 연결시켜주는 '진화론'이라는 이론적 틀이 존재하고 있지만 말이다. 종의 다양성으로 발생하는 난관은 모델생물을 제한해 일정한 통일성을 갖춰서 해결할 수 있다. 같은 모델생물을 연구하는 생물학자들 간에는 그런 통일성에 기반한 지식의 공유가 가능해진다. 예를 들어 "초파리에서는 이렇다니까!"라는 말은 전혀 비과학적인 언사가 아니다.

그럼에도 불구하고 과학은 '일반적 원리의 발견'을 미덕으로 삼는다. 생물학도 물리학의 가장 큰 특징인 그 일반적 원리의 추구를 본받으며 과학으로 자리잡기 시작했다. 생물학에서 그 변화는 20세기 중반 분자생물학의 탄생과 함께 찾아왔다. 생물학이 분자화하는 시기 이전에는 모델생물의 특수성이 생물학의 일반원리 추구에 걸림돌이 되곤 했다. 분자생물학 탄생 이전의 생물학에서는 주요한 이론적 진전들이 모델생물의 특수성 때문에 큰 제약을 받았다. 예를 들어 슈반과 슐라이덴의 세포이론은 동물과 식물에서 보이는 차이들 때문에 곤란에 처하곤 했다.

이런 맥락에서 자크 모노의 그 유명한 경구를 이해해볼 수 있다. 모노가 "대장균에서 진실인 것은 코끼리에서도 그렇다"라고 말하던 시점은 DNA 이중나선의 구조가 발견되고 분자생물학이 막 태동하던 시기이다. 그때부터 생물학자들은 모델생물의 제약을 넘어서게 된다. 이전에 진화론이 그랬던 것처럼 단순히 이론적인 차원에서만 그랬던 것이 아니라, 실험적인 측면에서도 그렇게 되었던 것이다. 이제 정말로—모든 게 그렇지는 않지만—대장균에서 진실인 것이 인간에서도 진실인 시대가 오고야 만 것이다. 결국 생물학을 물리학과 같은 일반

원리의 토대 위에 굳건히 세운 것은 DNA라는 분자에 쓰여진 유전정보의 발견이었던 셈이고, 유전정보가 디지털화되어 있다는 그 놀라운 사실이 모노의 과감한 발언을 가능하게 했던 것이다.

하지만 모델생물은 여전히 생물학자에게 중요한 인식론적 제약이다. 그 도구를 통해 생물학자들은 자신만의 자연을 상상하기 때문이다. 실제로 어떤 생물학자들은 모델생물을 정말로 '사랑'한다. 그들은 유전현상을 연구하고 싶어서가 아니라 그 생물 자체를 연구하고 싶어서 생물학자가 되기도 한다. 바버라 매클린톡은 정말로 옥수수를 사랑했고 그녀의 연구방향은 그녀가 탐구하고 싶어했던 주제보다 옥수수에 의해 더 큰 영향을 받았다. 매클린톡은 자신이 옥수수와 대화했다고 회고했는데, 그런 과학자는 매클린톡 외에도 셀 수 없이 많다. 예를 들어 많은 초파리 연구자들은 초파리를 정말로 사랑해서 이 분야를 떠나고 싶어하지 않는다. 어떤 생물학자들에게 모델생물이란 도구 이상의 존재다.

모델생물을 어떻게 생각하는지에 따라 여러 스타일의 생물학자가 존재하겠지만, 공통적으로 생물학자들은 모델생물 없이는 아무 일도, 아무 발견도 할 수 없다. 게다가 인간의 질병을 치료하기 위해서는 생쥐로 선행 연구가 필요하고, 생쥐의 유전자를 연구하기 위해서는 초파리 유전학이 필요하며, 초파리 유전학의 발견이 예쁜꼬마선충과 제브라피시에서의 발견들과 융합되었을 때에만 생물학은 일보 전진할 수 있다. 인간의 질병 치료를 위해 생물학이 필요하다는 데 이의를 제기할 사람은 없다. 그런데 바로 그 생물학은 여러 모델생물에서의 발견들이 융합되었을 때에만 진보한다.

언젠가 미국의 부통령 후보였던 세라 페일린은 "초파리 연구처럼 질병 치료에 쓸모없는 연구는 지원하지 않겠다"고 말한 바 있다. 페일린이 생물학을 몰라도 상관없다. 그녀는 생물학자가 아니니까. 하지만 그녀는 인간의 질병을 치료하고 싶은 생각조차 없는 모양이다. 물론 아리스토텔레스가 페일린의 말을 듣는다면 무덤에서 뛰쳐나와 무척 화를 내겠지만 말이다.

02

모델생물의, 모델생물에 의한, 모델생물을 위한

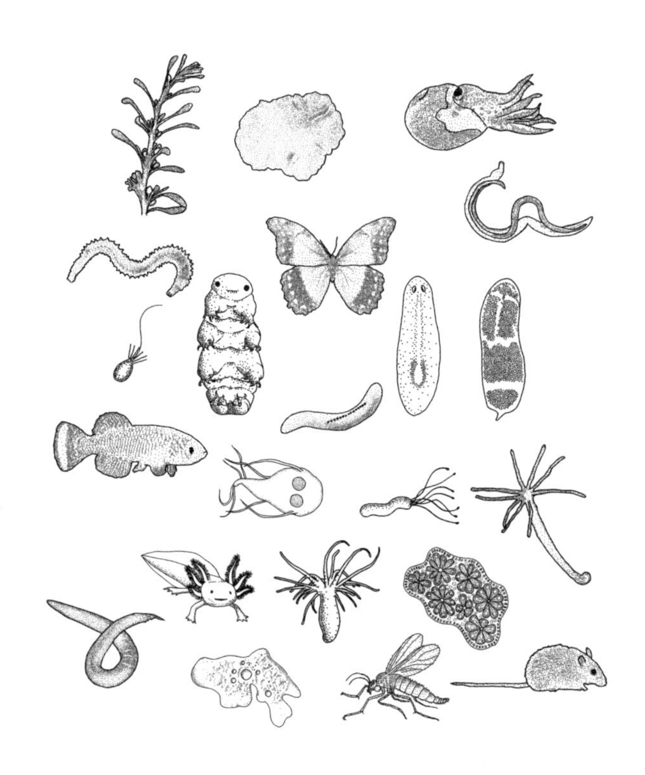

> "모델생물의 선택은 과학사의 방향을 완전히 뒤바꿔놓기도 한다."[1]
>
> **리처드 버리언** Richard M. Burian

대부분의 생물학자들은 모델생물의 선택이 생물학의 이론에 어떤 영향을 미치는지 어렴풋이 알고 있다. 그런 생각을 해보지 못한 생물학자라 해도, 멘델이 모델생물로 완두콩을 선택하지 않았다면 어떤 일이 일어났을지 잘 알고 있을 것이다. 역사에 만약은 없지만 멘델의 유전법칙은 완두콩이라는 모델생물, 그중에서도 그가 선택했던 몇몇 표현형이 아니었다면 발견되지 않았을 것이다. 이후 멘델이 조팝나물에서 동일한 법칙을 발견하지 못하고 연구를 포기한 것을 생각해보면, 멘델의 완두콩이야말로 과학사의 가장 기이한 우연이다.[2]

멘델을 재발견하여 유전학의 시대를 열었던 휘호 더프리스Hugo de Vries도 모델생물 때문에 운명이 바뀐 생물학자다. 자신의 정원에서 달맞이꽃*Oenothera lamarckiana*을 연구하던 더프리스는 돌연변이로 보이는 다양한 개체들을 발견하고, 이러한 사실을 근거로 '돌연변이설'을 주장하게 된다. 그는 새로운 종은 돌연변이에서 기원하며, 이러한 과정은 다윈이 《종의 기원》에서 주장한 것보다 훨씬 빠른 속도로 일어난다고 주장했다. 하지만 20세기 초반, 더프리스가 발견한 달맞이꽃의 돌연변이들은 실은 다배체polyploidy(이배체 이상의 염색체 쌍을 지닌 생물)였음이 드러났다. 생물학에서 돌연변이란 염기서열의 이상을 뜻하며, 다배체는 돌연변이로도 신종으로도 취급되지 않는다.

모델생물과의 불화는 멘델의 계보를 타고 내려오는 유전학 분야의 초기에 집중되어 있다. 염색체설을 제안한 위대한 과학자 보베리Theodor Boveri도 모델생물이 지닌 특수성 때문에 곤란한 상황에 처했다. 그는 회충의 일종*Parascaris equorum*으로 염색체와 유전의 상관관계를 연구하려고 했다. 회충의 알은 투명하고 초기 발생과정에서 체세포와 생식세포로 분열하는데, 이때 핵 속에 들어 있는 염색체를 쉽게 관찰할 수 있었기 때문이다. 보베리는 회충 알의 초기 분열과정에서 생식세포의 염색체는 계속 남아 있고, 체세포의 염색체는 사라지는 현상을 발견했다. 그가 '염색체 소실'이라 명명하고 생물종 전반에 일반화하려던 이 현상은 사실 바로 그 회충의 일종에서만 일어나는 예외적인 사례였다. 왜 보베리는 그가 처음 염색체설을 주장하기 위해 선택했던 성게알을 사용하지 않았을까? 운명은 알 수 없는 일이다.

모델생물의 선택

생물학자에게 모델생물을 고르는 일은 까다로운 작업이다. 게다가 앞에서 본 사례들처럼 과학사에 이름을 남긴 위대한 과학자들조차 자신의 선택이 가져올 결과를 전혀 예측하지 못한다. 한 종의 모델생물을 선택하고 기준화하는 것 자체가 어렵기 때문에, 생물학자들은 한 종을 선택하면 좀처럼 움직이려 하지 않는다.

일반적으로 모델생물을 결정하는 기준은 단순하다. 첫째, '연구하고 싶은 생물학적 현상이 무엇인가'이다. 이 기준에서 어떤 모델생물이 다른 종보다 더 적합한지 쉽게 판단할 수 있다. 예를 들어 면역세포의 작용을 연구하고 싶은 생물학자는 대장균이나 효모를 모델생물로 결정하지 않을 것이다. 왜냐하면 대장균과 효모는 단세포생물이며 당연히 면역세포를 가지고 있지 않기 때문이다.

둘째, '해당 모델생물을 통한 연구가 얼마나 수월한가'이다. 연구하려는 현상을 조사할 기술이나 누적된 지식이 존재하지 않는 모델생물의 선택은 무모한 일이다. 모델생물을 실험실에 맞게 정착시키고, 다양한 기술들을 개발하는 데 짧게는 십여 년에서 길게는 수십 년의 노고가 필요하기 때문이다. 일반적으로 생물학자들은 학계에서 공인된 모델생물들을 선택하며, 그것이 안전한 투자라는 것을 잘 알고 있다. 이처럼 안전한 투자가 선호되는 까닭은 연구 결과가 학계에서 인정받으려면 결과의 재현성이 필수적이기 때문이다. 지구상의 한 실험실에서만 연구되고 있는 모델생물의 실험 결과가, 전 세계 생물학자들이 인정하는 일반원칙으로 인정받기란 어려운 일이다.

이처럼 탐구하고자 하는 주제와 해당 모델생물에 누적된 기술 및 지식이 선택 기준의 주요한 두 축이다. 하지만 이 두 기준은 매우 복잡하게 얽혀 있어서, 어느 한 기준이 다른 기준을 완전히 제압하기도 하고 때로는 적절한 수준에서 타협이 이루어지기도 한다. 발생학의 역사가 이러한 복잡한 상호작용을 잘 보여준다.

초창기 발생학에서 가장 중요한 모델생물은 성게sea urchin였다. 성게알은 투명해서 발생과정에서 일어나는 세포분열을 아주 손쉽게 관찰할 수 있기 때문이다. 발생학 교과서 첫머리가 성게로 도배된 것은 우연이 아닌 셈이다. 하지만 DNA 이중나선의 구조가 밝혀지고 생물공학적 기법들이 개발되기 시작하면서, 성게의 치명적인 약점이 드러났다. 성게알은 알 수 없는 이유로 외부 DNA의 주입을 거부한다. 이러한 약점이 분자생물학이 발전하면서 성게가 점차 덜 선호된 이유를 설명해준다. 외부 유전자의 도입이 불가능하다면, 성게로는 발생과정 중 유전자의 기능을 연구할 수 없다.

성게의 불행이 초파리에겐 기회였다. 초파리의 알은 크기도 작고 다루기도 쉽지 않아서 발생학자들의 흥미를 끌지 못했다. 하지만 모건과 그의 제자들의 공헌으로 초파리에서 밝혀진 엄청난 유전학적 지식들이 DNA 재조합 및 생물공학적 기법들과 합쳐지자, 엄청난 시너지 효과를 만들어냈다. 초파리의 알에 외부에서 유래된 DNA를 주사하고 알의 발생과정을 지켜보는 일이 가능해지면서—이러한 기술은 성게에서는 불가능했다—초파리 배아의 발생과정이 유전자 수준에서 연구될 수 있었다. 발생학 교과서는 이러한 역사적 전개 과정에 따라 기술되고 있다. 성게알에서 기본적인 난할을 배운 학생들은 초파리를 통해 여러 유전자가 발생과정에 관여하는 기작을 배우게 된다. 이와 비슷한 일이 현대에 들어와 제브라피시와 개구리*Xenopus laevis*를 둘러싸고 발생하고 있다. 전자는 몸이 투명하고 성장이 빠르며 유전학 연구가 가능한 반면, 후자는 그것이 불가능하기 때문이다. 물론 발생학 연구에서 우연히 재조명된 초파리처럼, 개구리도 언젠가 다시금 알 수 없는 이유로 주목을 받게 될지 모를 일이다.

그 외에도 다양한 선택 기준들이 작용한다. 인간의 질병 치료가 생물학 연구의 중심원리가 된 이후로 모델생물이 인간과 진화적으로 얼마나 가까운지 여부도 선택에 중요한 기준이 되고 있다. 예를 들어 생물학 응용에 관심이 많은 생물학자일수록 초파리보다는 생쥐를 모델생물로 선택할 것이다. 이러한 경제학적 선택 기준은 더욱 노골적으로 나타날 수 있다. 예를 들어 경제적으로 매력적인, 즉 돈이 되는 모델생물이 존재한다. 거대 종자회사들은 애기장대*Arabidopsis thaliana*처럼 기초 연구에 도움이 되는 모델생물보다 쌀이나 옥수수, 콩처럼 인간의 식량이 되는 모델생물 연구에 주로 투자한다. 거대 제약회사들은 부작용이 적은 약을 개발하기 위해 지구상의 오지를 모두 뒤지며 아주 특이한 동식물을 수집하고 있다.

모델생물의 철학, 생물학의 특수성

사실 철학적으로 흥미로운 지점은 앞에서 기술한 사례들이 생물학이라는 학문의 특수성을 단적으로 드러낸다는 것이다. 그것은 같은 자연과학이지만 생물학이 물리학과 갈리는 지점이기도 하다. 과학은 보편적인 이론의 건설을 목표로 하지만, 생물학에서의 이론은 모델생물이라는 특수한 예들에 의해 제한받는다. 이는 생물학이 철학자들에 의해 '귀납의 오류'라고 명명된 특수한 조건으로 구속되어 있음을 뜻한다. 즉, '모든 백조는 하얗다'라는 이론이 있다면, 까만 백조한 마리가 나타나는 순간 거짓이 되거나 보편성을 잃어버린다는 뜻이다. 결국 생물학적 지식이란 결코 동일하게 취급될 수 없는 여러 특수한 시스템에서 얻어진 지식들, 그 지식들의 그물망인 것이다. 모델생물들은 그 복잡한 그물망 속에서 생물학자들이 헤엄칠 수 있도록 돕는 고마운 존재다.

생물학적 지식의 인식론적 특징이 물리학의 그것과 다르다고 해서, 자연과학으로서의 생물학의 위치가 폄하되어서는 안 된다. 그 둘은 모두 과학이지만, 서로 다른 과학일 뿐이다. 또한 생물학이 지닌 귀납의 오류는 진화라는 기본적인 원리로 인해 물리학의 거대 이론들처럼 하나로 묶여 잘 설명되고 있으며, 그것이 생물학과 물리학이 다르면서도 같은 자연과학으로 분류될 수 있는 이유다.

물리학에서 생물학으로 전향한 막스 델브뤼크는 물리학의 원자처럼 생물학을 하나의 원리로 묶어줄 모델생물을 평생 찾아다녔다. 하지만 그는 그런 모델생물을 결코 찾지 못했다. 생물종의 다양성과 특수성은 생물학자들의 제약이자 자유이다. 지구상의 모든 생물종이 모델생물이 되는 그날까지 생물학은 멈출 수도 없고, 멈추지도 않을 것이기 때문이다.

03

박테리오파지—생명의 기본입자

Bacteriophage

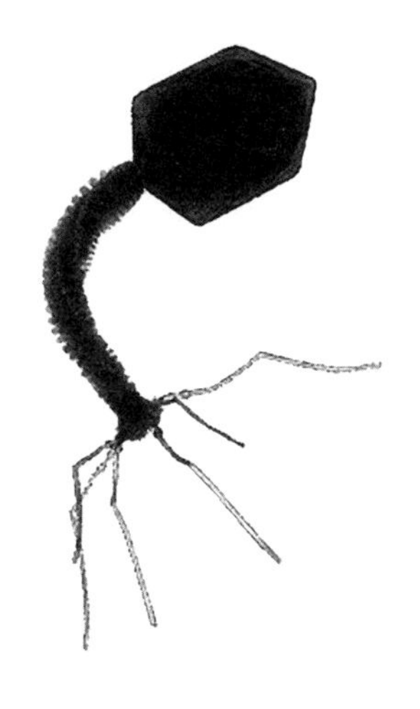

생물학에서 사용되는 모델생물들 간에 우열을 논할 방도는 없다. 이미 폐기 처분된 모델생물이라 해도 생물학의 발전과정에서 그 역할을 다 했다면, 평가는 현재가 아니라 과거의 맥락 속에서 이루어져야 한다. 우리는 너무나 유행에 민감한 종이며, 그 본능은 패션과 한류와 같은 문화적 풍경 속에서만이 아니라, 과학자 사회의 의식에도 영향을 미친다. 과학자들도 유행에 민감하다. "유행하는 과학을 하지 말라"는 한 과학자의 이야기는 현대를 살아가는 생물학자들에게는 멀고도 먼 조언이다.[1]

생물학의 원자를 찾아

분자생물학의 기원에 닿아 있는, 누구나 생물학을 공부하려면 교과서에서 반드시 거쳐야만 하는, 하지만 지금은 분자생물학 실험실에서조차 찾아보기 힘든 그런 생물 혹은 무생물이 있다. 바로 박테리오파지*Bacteriophage*이다. 진핵생물에게 바이러스라는 기생체가 있듯이, 원핵생물인 박테리아에게도 기생체가 있다. 그것이 박테리오파지다. 교과서에서 박테리오파지는 주로 용균성lytic/용원성lysogenic 생활사와 관련되어 나타난다. 하지만 이 작은 생물이 파지 그룹phage group이라는 학파를 탄생시켰고, 분자생물학의 여명기를 이끌었으며, 나아가 초파리 행동유전학의 단초가 되었다는 사실은 교과서에 나오지 않는다.

2차세계대전의 종전과 함께 상당수의 물리학자가 생물학 분야로 넘어오기 시작했다. 원자폭탄의 투하와 함께 물리학 연구는 정치적으로 민감한 분야가 되었고, 상대적으로 생물학이 정치적 영향 없이 다양한 연구를 할 수 있는 분야로 여겨졌기 때문이다. 그렇게 생물학으로 전향한 인물 중 한 명이 막스 델브뤼크이다. 생물학사를 통틀어 한 인물이 이처럼 다양한 분야에 영향을 미친 경우는 거의 없다. 학문적 영향력을 넘어 여러 젊은 과학자들을 이끈 지도자로서도, 델브뤼크는 탁월한 능력을 지니고 있었다.

델브뤼크는 물리학자로 과학자의 삶을 시작했다. 1930년 이론물리학으로 박사학위를 받은 델브뤼크는 코펜하겐으로 건너가 닐스 보어를 만난다. 1932년 닐스 보어의 강연 '빛과 생명'은 델브뤼크가 물리학에서 생물학으로 전향하는 계기가 된다. 보어가 강연에서 의도했던 것과는 다르게, 델브뤼크는 보어의 강연을 통해 핵물리학의 아이디어를 생물학에 적용시킬 수 있다고 확신했다. 사실 보어의 강연은 생명이라는 현상을 이해하려면, 기존의 물리학적 접근 방식과는 완전히 다른 새로운 관점이 필요하다는 내용이었다. 물론 이러한 창조적 오해로 완전히 새로운 학문 분야가 탄생된 역사적 사례들은 무궁무진하다. 창조성의 요소 중 하나는 과거의 학문적 결실들을 너무 완벽하지 않게 이해하는 것일지도 모른다.

러시아의 초파리 유전학자 니콜라이 티모페예프레숍스키, 그리고 독일의 물리학자 칼 짐머와 함께 방사선을 쪼여 초파리의 돌연변이 빈도를 조사하는 실험을 수행한 델브뤼크의 논문은 노벨상 수상자인 에르빈 슈뢰딩거의 손에도 들어가게 된다. 바로 이 논문이 슈뢰딩거의 유명한 강연 '생명이란 무엇인가'의 계기가 되었다. 슈뢰딩거의 강연장엔 훗날 DNA 이중나선 구조를 발견하게 되는 왓슨과 크릭이 앉아 있었다. 물론 왓슨도, 크릭도 이 강연이 전하는 내용을 완벽하게 이해하지 못했다고 회상했지만 말이다. 왓슨과 크릭도 슈뢰딩거의 강연을 창조적으로 오해했다. 그들은 강연을 통해 유전 입자가 반드시 존재하며 그것은 지극히 단순할 것이라는 확신을 가졌다. 물론 슈뢰딩거는 그런 내용의 강연을 하지 않았다.

델브뤼크의 첫 번째 생물학 논문은 독일어로 발표되었지만, 당시 생물학 연구에서 새로운 관점을 열망하던 다양한 학자들의 손에 들어갔다. 그중 한 명이 로마 대학에서 연구 중이던 미생물학자 샐버도어 루리아Salvadore E. Luria였다. 루리아는 델브뤼크와 이후 막역한 친구 사이가 되고, 미국으로 자리를 옮겨 록펠러 재단의 도움으로 연구를 이어간다.

델브뤼크는 물리학의 원자처럼 단순한 시스템을 찾아다녔다. 초파리는 사람보다는 단순했지만, 여전히 복잡했다. 게다가 델브뤼크는 모건의 실험실에서 초파리를 연구한 지 1년 만에 진저리를 치며 도망 나온 경험이 있었다. 양자역학의 원리들이 원자 수준에서야 비로소 그 모습을 드러내듯이, 생물학의 일반원리들도 단순한 시스템을 통해서만 추구될 수 있었다. 칼텍의 작은 실험실에서 델브뤼크는 에모리 엘리스가 연구하던 박테리오파지를 발견하고 탄성을 내지르게 된다. 박테리아에 감염해서 자가복제를 수행하며, 자신이 생각하던 유전자의 크기보다도 더 작은 입자. 델브뤼크는 그곳에서 물리학의 원자와 같은 생명의 기본입자를 발견한 것이다. 그는 엘리스와의 공동연구를 통해 박테리오파지의 성장곡선을 매우 정확한 수치로 정량화해낸다. 그가 사용한 통계학적 방법의 정교함과 명료성은 당시 생물학자들에게는 충격적인 일이었다.

하지만 여전히 델브뤼크의 연구는 생물학 전반을 뒤흔들 만큼 엄청나지 않았다. 1940년대 말, 델브뤼크는 콜드스프링하버연구소에서 루리아와 공동연구를 시작하게 되고, 이 그룹에 앨프리드 허시가 참여하면서 본격적인 파지 그룹의 연구가 시작됐다.[2]

좌절과 실패의 연속, 그리고 엉뚱한 성공

루리아와 함께 수행한 박테리오파지의 자가복제에 대한 연구들은 많은 논문을 생산해냈지만, 여전히 델브뤼크의 의문은 풀리지 않았다. 유전 입자의 물리적 성질은 무엇인가? 도대체 유전 입자는 어떻게 복제되는가? 결론부터 말하자면, 델브뤼크는 평생 자신이 던진 질문 중 한 가지도 제대로 대답하지 못했다. 즉, 당시 그가 얻고 있는 명성에 비해 파지 그룹의 연구 결과는 빈약했고, 그들이 유전 입자에 대해 가정했던 상당수가 틀린 것으로 판명되었다. 방사선을 통한 돌연변이 실험은 틀린 것으로 밝혀졌고, 박테리오파지의 전자현미경

사진은 그것이 유전 입자가 아니라 매우 복잡한 구조물임을 말하고 있었다. 델브뤼크는 다른 방식으로 분자생물학의 전성기를 열었다.

파지 그룹이라고 부를 수 있는 학파는 1940년대 중반 델브뤼크가 루리아, 허시와 공동연구를 수행하면서 시작되었지만, 당시 많은 실험실들이 박테리오파지로 눈을 돌렸음을 염두에 둘 필요가 있다. 초파리를 연구하던 학자 중 많은 수가 파지로 옮겨왔고, 물리학자들도 델브뤼크를 따라 파지 연구로 전향했던 것이다. 델브뤼크는 자신의 연구 그룹에 한정되지 않고, 이들 모두를 하나의 연구 집단으로 묶을 수 있는 지도력을 지닌 인물이었다. 이론물리학자로 단련된 그의 비상한 두뇌와, 생명 현상에 대해 그가 제시한 새로운 관점은 파지로 전향한 많은 생물학자들에게 강한 영향력을 행사했다. 델브뤼크는 동료들에게 '바이러스에서 인간에 이르기까지' 보편적인 원리가 반드시 존재한다는 믿음을 심어주었다. 게다가 그가 천성적으로 지니고 있던 카리스마는 파지 그룹에서 그의 존재를 교주처럼 만드는 데 일조했다.

이런 것들만이 델브뤼크의 파지 그룹을 만든 것은 아니다. 그에게는 과학 연구의 방법에 관한 교육학적 철학이 있었다. 그는 코펜하겐에서 보어가 이끌던 코펜하겐 학파를 경험한 물리학자였고, 그 방식을 그대로 파지 그룹에 도입했다. 파지 그룹 안에서는 그 어떤 위계질서도, 강요도 없었고, 모든 학자들이 자유롭게 어울려 토론할 수 있었으며, 따라서 일과 여가가 구분되지도 않았다. 그곳에서 젊은 학자들은 델브뤼크와 함께 분자생물학이라는 학문을 진심으로 즐길 수 있었다.

델브뤼크의 밑에서 행동유전학을 탄생시킨 시모어 벤저가 나온 것은 우연이 아니다. 파지의 *r*II 돌연변이체 지도를 그리며 일 년에 여섯

편씩 논문을 쓰고 있던 벤저의 부인에게 델브뤼크는 이렇게 말했다고 전한다. "친애하는 도티, 부탁하건대 벤저에게 논문은 그만하면 됐으니 더 이상 쓰지 말라고 전해주시겠습니까?" 일주일에 적어도 하루는 실험실에서 벗어나 실험 자체를 사유해보라고 충고했던 델브뤼크의 스타일은 당시 실험대에만 처박혀 있던 벤저를 뒤흔들었다. 이 충고는 벤저가 박테리오파지 연구를 그만두고 초파리로 분야를 옮기는 계기가 된다.

이후 벤저가 탄생시킨 초파리 행동유전학에 관한 일화는 유명하다.[3] 하지만 델브뤼크가 파지 연구를 그만두고 수염곰팡이의 굴광성을 연구하며 실패에 실패를 거듭했다는 사실은 회자되지 않는다. 그는 분자생물학의 여명기에 물리학의 원자를 찾아 생물학에 입문했고, 그곳에서 박테리오파지를 찾았으며, 젊은 생물학자들에게 영감을 불러일으켰지만, 정작 본인이 생물학으로 전향하며 품었던 질문엔 끝끝내 대답할 수 없었다. 그렇다면 델브뤼크와 파지 그룹은 실패한 것인가? 필자는 그렇게 생각하지 않는다. 세상엔 다양한 형태의 성공이 존재한다. 그것이 바로 우리가 델브뤼크와 박테리오파지를 기억해야 하는 이유다.

04

대장균 — 유행은 오고 간다

Escherichia coli

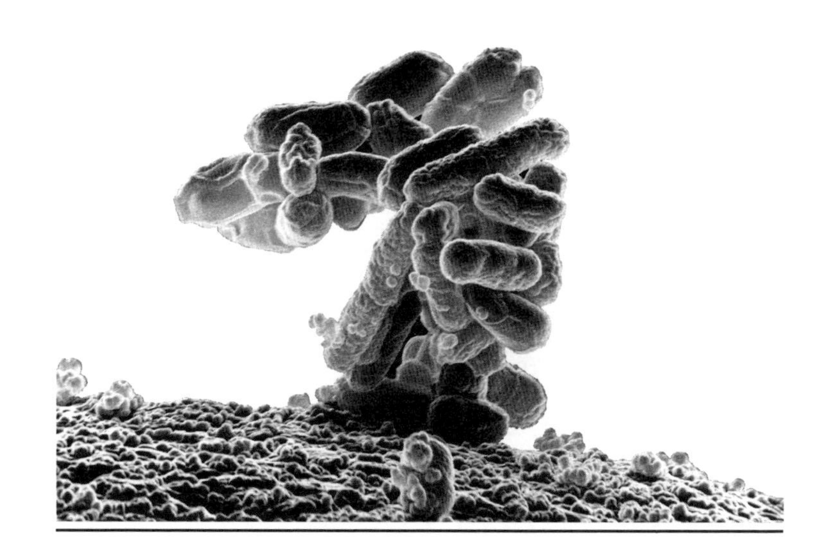

생물학이라는 학문의 이름은 라마르크에 의해 제창되었다. 그는 박물학 혹은 자연사로 통칭되던 당시의 낡은 생물학과 새로운 생물학을 구별하며 이 새로운 학문을 다음과 같이 정의했다.

> "생물학은 지상계 물리학의 세 가지 분야 중 하나이다. 생물학은 살아 있는 물체와 특히 그 조직화에 관계된 것들을 포함하고, 그들의 발생학적 과정과 지속적인 생기의 움직임으로부터 야기되는 구조적 복잡성 및 특별한 기관을 만들어내는 경향, 중심에 초점을 맞춰 생명체를 주변으로부터 격리시키는 것들을 다루는 학문이다."

미생물학의 주인공에서

라마르크가 생물학이라는 신학문에서 강조한 바를 현재 우리는 생화학과 분자생물학, 그리고 생리학으로 경험하고 있다. 라마르크의 생물학은 다윈이 《종의 기원》을 출간하던 당시 이미 생물학의 주류였고, 바로 그 생리학의 오래된 전통 속에서 대장균은 언제나 주인공이었다.

미생물학의 역사는 전염병의 역사와 궤를 같이한다. 흑사병이 유럽 인구의 대부분을 죽음으로 이끌고, 스페인 독감이 동아시아에서도 역사의 한 페이지를 장식했지만, 그 누구도 이 무서운 질병이 미생물에 의해 발생한다는 사실을 알지 못했다. 1677년 레이우엔훅이 자신이 만든 현미경으로 작은 동물들을 관찰했고, 1796년 에드워드 제너가 천연두에 대한 백신법을 개발했으며, 1850년에 이르러서는 외과의들이 수술 전 손을 씻는 것만으로도 감염에 의해 환자가 사망할 확률은 극적으로 줄어든다는 사실이 발견되었지만, 여전히 감염성 질환이 미생물에 의한 것인지 확신할 수 없었다.

여전히 많은 사람이 과학이 기술에 응용되는 과정은 선형적이라고 여긴다. 사실 과학사는 그러한 통념을 거부한다. 의사들은 질병이 미생물에 의해 발생한다는 사실을 믿지 않은 채 손을 씻을 수 있었고, 백신이 도대체 왜 천연두를 예방하는지에 대한 과학적 설명 없이도 제너의 종두법은 널리 퍼질 수 있었다. 과학사는 이런 사례들로 가득하다. 예를 들어 아스피린이 왜 염증을 치료하고 두통에 효과가 있는지에 대한 과학적 증거들은 아스피린이 널리 사용되고 난 후에 나왔다. 오히려 과학은 스스로 발전하는 기술의 진보에 원인을 밝혀주는 방식으로 기여하는 경우가 많다. 그렇게 과학에 의해 원인이 밝혀진 분야들은 다시 비약적인 기술적 진보를 이룰 수 있다. 하지만 과학의 도움 없이도 기술은 스스로 진화한다. 과학은 기술의 진보에서 촉매 역할을 한다.

파스퇴르가 미생물학에서 그러한 촉매 역할을 했다. 그는 백조목 플라스크 실험으로 자연발생설을 부정하여, 미생물의 존재가 인류에게 얼마나 지대한 영향을 끼치고 있는지를 우리에게 각인시켰다. 파스퇴르가 다윈과 동시대 인물이라는 점을 생각해보면, 미생물학이 얼마나 오랜 역사를 지녔는지 쉽게 느낄 수 있다. 물리학과 화학의 발전에서 과학적 방법론의 본질을 빌려온 당시의 생화학자들에게 다윈의 진화론은 관심사가 아니었다. 그들은 생명을 다른 관점에서 바라보았고, 게다가 그들의 발견은 즉시 의학으로 연결될 수 있었다. 1876년 로베르트 코흐가 최초로 박테리아에 의한 감염성 질환을 밝혔고, 1887년 율리우스 리하르트 페트리가 박테리아 배양법을 개발했을 때에도 생리학 전통의 미생물학은 의학과 항상 연결되어 있었다. 그 전통 속에서 페니실린이 탄생했다.

분자생물학의 주인공으로

분자생물학이 태동하던 20세기 중반에 젊은 분자생물학자들이 향한 곳도 미생물학이었다. 그들은 대장균을 선택했다. 이제 이 젊은 학자들의 관심은 단순히 생물학의 응용이 아니라 대장균으로 생명 현상의 원인들을 밝혀내는 것이었다. 크릭이 유전자의 복제와 전사, 번역 과정을 중심 도그마로 설명하려 했을 때, 그가 근거로 삼은 것은 자코브와 모노의 대장균 연구 결과였다. 현재 유전자가 기능하는 방식에 대해 우리가 지닌 지식 대부분은 대장균에 빚지고 있다. 대장균이 원핵생물이라는 한계 때문에 분자생물학의 중흥기에 많은 학자들이 진핵생물 연구로 넘어갔지만, 여전히 기본적인 패러다임은 대장균에서의 발견들이었다. 유전자는 대장균에서도 우리의 세포에서도 복제하고 전사하고 번역된다. 공통조상으로부터 갈라진 지 수억 년이 지났어도 여전히 대장균과 우리는 유전자를 복제하기 위해 거의 비슷한 방식을 사용한다. 다윈의 진화론은 라마르크의 후손들에 의해 더욱 강화될 수 있었다. 다윈은 라마르크에게 빚을 지고 있다.

유행은 오고 간다. 의학에의 적용을 염두에 두고 진행되어온 미생물학은 강력한 항생제들이 개발되고, 암과 같은 질병에 대한 관심이 높아진 데다가 20세기 후반, 인간유전체계획이 시작되면서 유행에 뒤처진 분야가 되는 듯했다. 많은 생물학자가 미생물학 분야를 떠나 암과 치매처럼 돈이 몰리는 분야로 향했다. 그렇게 대장균은 생물학자들의 기억에서 잊히는 듯했다.

유행은 가고 온다. 파스퇴르와 코흐의 발견은 대장균을 생물학의 주인공으로 만들었고, 분자생물학은 당연히 그 전통을 따랐다. 하지만 대장균은 페니실린으로 쉽게 정복되었고, 의학적 응용에 대한 관심도 점점 사라져갔다. 의학이 발달하면서 인류의 평균수명은 극적으로 증가했고, 이제 감염성 질환보다는 노인성 질환, 후진국형 질병보다는 선진국형 질병에 자본이 몰리게 됐다. 그렇게 인간유전체계획이라는 원대한 프로젝트가 시작된 것이다.

하지만 역설적으로 대장균은 인간유전체계획으로 인해 다시금 전성기를 맞고 있다. 인간유전체계획은 시스템생물학과 생물정보학이라는 새로운 학문을 탄생시켰다. 가장 단순하고 거의 모든 유전적 조작이 가능한 대장균이 여기서 다시 매력적인 모델생물로 떠오르게 되었다. 대장균으로 못할 연구는 없다. 대장균은 인류가 자신들보다도 더 잘 아는 유일한 생물이다. 오늘도 생물학과 컴퓨터과학으로 무장한 젊은 학자들은 대장균을 통해 이전에는 상상도 할 수 없었던 생명 현상의 복잡한 네트워크를 해부하고 있다. 그렇게 유행은 가고 온다.

포항공대 생명과학과의 현관엔 "이론은 오고 가지만 개구리는 영원하다"라는 문구가 쓰인 조각상이 놓여 있다. 필자의 실험실엔 파지 그룹을 만든 막스 델브뤼크가 한 말이 쓰여 있다. "유행하는 과학을 하지 말라." 유행은 오고 가지만, 대장균은 영원하다. 언젠가부터 과학자들은 유행만을 쫓으며 과학의 정신을 잊고 사는 듯하다.

05

아프리카발톱개구리
—오래된 과학의 순교자

Xenopus laevis

17세기 의사 윌리엄 하비William Harvey가 혈액순환설을 발표한 직후, 많은 생리학자들이 이 발견을 다른 동물에서도 관찰하고 싶어했다. 개구리는 생리학자들에게 온혈동물보다 더 간단하게 심장의 기능을 연구할 수 있는 모델종으로 각광받았다. 마르첼로 말피기Marcello Malpighi는 양의 폐에서 동맥과 정맥의 관계를 연구하는 데 어려움을 겪다가 개구리의 폐를 해부하고는 환호성을 질렀다. 투명한 개구리의 폐에서 정맥과 동맥의 네트워크는 너무도 분명한 모양새를 보여주었기 때문이다. 이 발견은 하비의 혈액순환설을 확실히 검증한 실험으로 과학사에 남았다.[1]

개구리, 뇌 없이도 감각에 반응

문제는 냉혈동물인 개구리에서의 발견이 온혈동물인 인간의 폐와 심장의 기능과 동일하다고 추정할 수 있냐는 것이었다. 상대적으로 단순하고 투명해서 실험이 용이하긴 했지만, 개구리의 폐가 인간의 폐와 동일하게 취급될 수 있는 것인지에 대해서는 논쟁이 지속됐다. 하비의 논적이었던 데카르트는 심장과 근육 운동에 대한 기계론적 설명을 시도했다. 예를 들어 신경에서 근육으로 흘러들어가는 액체가 근육에 열을 가하면, 근육이 팽창하면서 동물이 움직인다는 식이었다. 따라서 근육이 수축할 때 근육의 부피가 증가한다는 사실이 증명되어야만 했다. 네덜란드의 과학자 얀 스바메르담Jan Swammerdam이 데카르트의 추측을 증명했다. 그는 개구리의 넓적다리 근육과 근육에 딸린 신경을 안전하게 분리했고, 개구리의 신경을 자극하여 근육의 부피가 증가하고 연이어 근육이 수축하는 것을 성공적으로 보였다. 더 나아가 스바메르담은 분리된 근육과 신경을 관에 밀봉하고, 신경에 얇은 은선을 연결한 다음, 밀봉된 관을 물로 채웠다. 은선을 당기면 근육이 수축했고 관에 담긴 물의 높이는 약간 감소하는 것으로 보였다. 즉, 데카르트의 추측과 달리 근육은 수축할 때 부피가 크게 증가하지 않았다. 스바메르담은 자신이 개구리에서 발견한 근수축의 법칙이 인간을 비롯한 온혈동물에도 적용되는 일반법칙이라고 주장했다.

18세기의 생리학자 할러Albrecht von Haller와 와잇Robert Whytt은 감각영혼이 뇌에서만 작용하는 것인지 몸에까지 영향을 미치는 것인지를 두고 논쟁 중이었다. 지금 들으면 우스워 보이지만, 18세기의 생물학자들은 대부분 생기론자들이었고 생기와 영혼에 대한 연구는 진지한 과학의 한 분야였다. 와잇은 감각영혼이 몸에도 존재한다고 생각했고 이를 증명하기 위해 개구리를 이용했다. 머리와 분리된 개구리의 몸은 몇 시간 동안 자극에 반응하고 움직이며, 심지어 머리 없이도 몸을 일으키기도 했다. 즉, 개구리는 뇌 없이도 감각에 반응하고 움직인다. 와

잇은 이러한 작용을 나타내는 신경을 교감신경으로, 이러한 움직임을 교감작용으로 명명했다. 이제 개구리는 이런 잔인한 실험들에 사용될 불행한 운명에 처하게 된다. 1830년대에 많은 개구리들이 이러한 실험을 위해 처형되었다.

물론 과학사에서 가장 유명한 개구리 실험은 갈바니Luigi Galvani의 것이다. 전지를 연구하던 갈바니가 우연히 죽은 개구리의 뒷다리를 건드렸을 때 개구리가 움직였다는 일화를 다들 한 번쯤은 들어봤을 것이다. 갈바니의 일화는 과학사에서 우연이 중요하다는 예시로 자주 거론되지만, 실은 그렇지 않다. 당시 많은 생리학자들 특히 근육과 신경을 연구하던 전기생리학자들이 개구리를 사용했다는 점만 생각해도 갈바니의 실험대에 개구리가 있었다는 것은 우연이 될 수 없다.[2]

개구리와 전기생리학의 만남

개구리의 신경과 근육은 해부한 지 30시간이 지나도 여전히 자극에 반응했고, 이처럼 훌륭한 표본은 개나 고양이로는 얻어질 수 없었다. 예를 들어 개와 고양이의 근육은 해부하고 1분만 지나도 반응하지 않았다. 이처럼 완벽한 동물 개구리의 인기는 18세기를 거쳐 19세기까지 지속되었다. 특히 18세기 말부터 전기에 관한 연구들이 봇물 터지듯 유행하기 시작했고, 신경에서 일어나는 전기적 작용에 대한 연구의 대부분이 개구리로 진행됐다.

물리학자이자 전기생리학자였던 에너지 일원론자 헤르만 헬름홀츠는 근육에 관한 전기생리학적 연구를 위해 개구리를 선택했고, 이 동물을 '오래된 과학의 순교자'라고 칭했다. 전기뱀장어나 비둘기, 혹은 다른 온혈동물들에서 고군분투하던 헬름홀츠에게 개구리는 완벽한 동물이었다. 다시 한 번 말하지만, 생물학자들에게 있어 모델생물이란 단순한 선택이 아니다. 생물학자는 자연 일반에 대고 질문을 던지지만, 연구는 자신이 던진 그 특별한 질문에 가장 잘 답해줄 모델생물을 통해 이루어지기 때문이다. 질문의 종류에 따라 적합한 모델생물이 달라진다. 개구리와 전기생리학의 궁합은 그러한 역사를 잘 보여주는 예다.

실험의학의 방법론을 정립했으며, 의학 연구를 과학의 영역으로 끌어들인 클로드 베르나르Claude Bernard는 다음과 같이 말한 바 있다.

> "생리학자들이 자주 사용하는 동물들은 주로 쉽게 구할 수 있는 가축들이다. 예를 들어 개, 고양이, 말, 토끼, 양, 돼지, 가금류 등이 그렇다. 하지만 과학에 기여한 바를 꼭 따져야만 한다면 개구리가 일등이 되어야 할 것이나. 그 어떤 동물도 개구리처럼 다양한 분야의 과학에 이처럼 광범위하게 사용되지 않았다. 현재에 이르러서도 개구리 없는 생리학은 상상도 할 수 없다. 개구리는 생리학 실험자들에게 가장 홀대받는 동물이지만, 생리학자들과 가장 가까우며 그들의 과학적 영광을 위해서도 가장 중요한 동물임에 틀림없다."

물론 베르나르는 외과의였고, 그가 간에서 글리코겐 합성 등을 연구할 때는 주로 개를 사용했다. 하지만 베르나르를 가장 유명하게 만들어준 큐라레 독에 관한 연구는 개구리로 수행한 것이다.

20세기로 접어들면서 개구리의 영향력은 19세기처럼 강력하지는 못했다. 생쥐가 개구리의 자리를 차지했고, 계속된 기술의 발전으로 인간과 다른 동물들의 세포를 배양할 수 있게 되면서 개구리 세포도 자리를 내어주어야만 했다. 하지만 개구리는 발생학에서 다시 자신의 자리를 찾았고, 발생학 연구에 큰 공헌을 했다. 물론 오늘날에도 개구리알은 신경세포의 전기신호 전달에 중요한 역할을 하는 채널 단백질의 기능을 연구하는 데 가장 중요한 재료이다. 개구리와 전기생리학은 역사적으로 밀접한 관련을 맺고 있다. 과학자들 사이에 널리 퍼져 있는 농담처럼, 어쩌면 개구리는 전기생리학을 위해 진화한 동물인지도 모르겠다. 그렇게 개구리는 여전히 생물학자들의 곁에서 울고 있다.

06

클라미도모나스
—광합성 연구 최적의 모델생물

Chlamydomonas reinhardtii

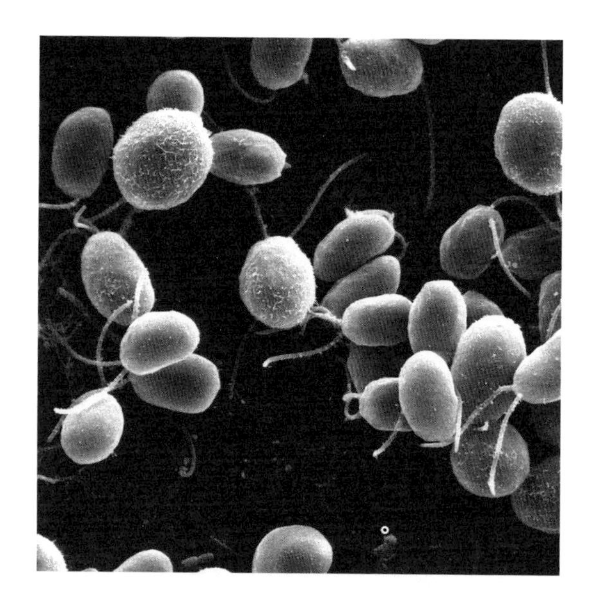

"이러한 발견들로 우리는 삼림의 참나무에서 마당의 풀까지, 그 어떤 식물들도 헛되이 자라나지 않음을 알 수 있습니다. 모든 개개의 식물들은 인류에 봉사하고 있습니다. 비록 개개의 식물들이 우리에게 이익이 된다는 것을 모두 분별해낼 수는 없겠지만, 전체적으로 조감해보았을 때 그들은 우리의 대기를 청결하게 만들어주는 고마운 존재들입니다."

조지프 프리스틀리 Joseph Priestley

태양광 전지, 온실효과 등의 단어들이 우리의 일상언어를 지배하고 있지만, 태양에너지가 이미 지구에 충분한 혜택을 베풀어왔고, 또 베풀고 있다는 사실을 되새기는 사람은 별로 없다. 태양에서 지구로 쏟아지는 빛의 입자들은 인류의 생존에 필수적이다. 지구상의 모든 생명체는 녹색식물이 빛의 입자들을 광합성으로 지구 위에 잡아두지 못한다면, 존재할 수조차 없다. 광합성은 빛에너지를 유기물로 전환시키는 과정인데, 녹색식물에 의해 전환되는 유기물이 지구에 존재하는 유기물의 90%를 차지한다. 따라서 식물은 생명의 먹이사슬을 유지시키는 가장 중요한 유기체다.

광합성, 지구상에서 가장 중요한 화학반응

생명체들이 광합성에 빚지고 있는 것은 유기물 때문만은 아니다. 약 3억 년 전, 광합성하는 단세포 생명체가 지구 위에 모습을 드러내기 시작한 이래로, 광합성의 부산물로 그들이 내뿜는 기체가 지구 환경을 통째로 뒤바꾸기 시작했다. 광합성의 마지막 단계에서 쓰레기처럼 배출되는 기체가 바로 산소다. 원시 지구의 바다를 뒤덮고 있던 작은 광합성 미생물들은 대기를 산소로 가득 채우면서 진화의 과정 자체를 바꾸어버렸다. 대기에 산소가 풍부해지면서, 호흡이라는 효율적인 에너지대사 과정이 진화할 수 있었다. 호흡은 발효보다 20배나 높은 효율성을 보여주는 생리현상이다. 광합성 생명체들이 배출한 산소가 인류를 비롯한 다양한 고등생물의 진화를 가능하게 했다.

식물의 역할은 여기서 끝나지 않는다. 빛에너지를 유기물로 바꾸고 산소를 배출해 대부분의 생명체가 삶을 영위하게 만드는 것 외에도, 식물로 인해 지구는 우주에서 쏟아져 들어오는 해로운 방사선들을 막을 수 있다. 성층권에 존재하는 오존은 우주방사선을 흡수하고, 그로 인해 지표는 생명이 서식할 수 있는 조건을 갖추게 된다. 그것이 최초의 생명체들이 해로운 방사선을 피해 대양 깊은 곳에서만 살다가 지표로 올라올 수 있었던 이유다. 요약하자면, 지구상의 모든 생명체는 영양과 호흡을 위해, 그리고 방사선으로부터의 보호를 위해 철저히 광합성이라는 현상에 의존한다. 광합성은 지구상에서 가장 중요한 화학반응이다.

광합성이라는 현상이 밝혀지기 시작한 것은 200여 년 전의 일이다. 그 전까지 인류는 식물의 잎이 왜 녹색인지, 그리고 잎의 기능이 도대체 무엇인지 짐작조차 하지 못했다. 현자 아리스토텔레스조차 잎의 기능은 여름의 뜨거운 태양으로부터 줄기를 보호하는 것이라고 말했으니 말이다. 관찰과 사변만으로는 자연에 가까이 다가설 수 없다. 식물의 잎이 바쁘게 돌아가는 화학공장이며, 두 종류의 기체가 교환되고 있다는 사실은 18세기의 화학, 즉 기체분석이라는 실험 방법이 발전하면서 이루어졌다. 1754년 조지프 블랙Joseph Black이 '고정 기체fixed air'의 존재를 밝혔고, 1781년 라부아지에가 이를 '탄산carbonic acid'으로 명명했다. 이산화탄소가 발견된 것이다. 1774년 영국의 성직자이자 과학자였던 조지프 프리스틀리Joseph Priestley가 '비플로지스톤성 기체dephlogisticated air'를 발견하고, 1782년 라부아지에가 이를 '산소oxygen'로 명명했다. 이산화탄소를 흡수하고, 산소를 배출하는 식물의 광합성은 호흡이라는 생명 현상에 지대한 열정을 쏟았던 화학자들에 의해 서서히 그 모습이 드러나기 시작했다.

빛에너지가 화학에너지로 변환되는 광합성 과정을 정밀하게 연구하려면, 정교한 측정기기들이 필요했다. 1919년 독일의 과학자 오토 바르부르크Otto Warburg가 이러한 분석법을 개발했다. 그는 혈압을 측정하던 내압기manometer를 개조해서 식물이 들어 있는 플라스크의 내압을 측정할 수 있었다. 하지만 고등식물의 잎을 이용한 실험엔 여러 가지 제약이 따랐다. 잎은 여러 층으로 나뉘어 있어서 광합성에 따라 배출되는 가스가 즉시 확산되지 않을 수도 있기 때문이다. 또한 잎으로는 식물세포 하나하나를 떼고 분리해 여러 환경을 조절하는 것도 어려웠다.

이러한 제약이 바르부르크에게 새로운 모델생물을 찾게 만들었다.

바르부르크는 성장이 빠르고, 운동성이 적으며, 단순한 발생과정을 지니면서도 광합성하는 종을 찾아 헤맸다. 그리고 마침내 그는 3~6마이크로미터 크기의 작은 단세포 녹조류인 '클로렐라 피레노이도사 *Chlorella pyrenoidosa*'를 발견한다. 클로렐라를 이용하면 고등식물에서 문제가 되었던 확산 문제를 비껴갈 수 있었다. 또한 온도를 비롯한 여러 환경을 손쉽게 조절할 수 있었다. 녹조류 잡초라고 불리던 클로렐라에 다른 미생물들에 적용되던 여러 테크닉들을 그대로 사용할 수 있었고, 클로렐라와 내압계를 이용해 바르부르크는 산소 한 분자를 생산하기 위해 필요한 광자의 값을 계산해낼 수 있었다. 산소 한 분자는 최소한 4개의 광자가 있어야 생성될 수 있었다.

독일 내에서 영향력 있는 생물학자였던 바르부르크의 명성과 그의 놀라운 발견들에 힘입어 클로렐라는 곧 여러 실험실에 자리잡게 된다. 그중에는 바르부르크의 제자였던 로버트 에머슨Robert Emerson도 있었다. 1930년대 초 하버드 대학에서 '클로렐라 클럽'이 결성되었고, 많은 젊은 식물학자들이 매주 모여 클로렐라를 이용한 광합성 연구에 대해 토론하고 서로의 지식과 기술을 전수했다.

광합성 연구 모델, '클로렐라'와 '클라미도모나스'

클로렐라가 광합성 연구에 광범위하게 사용되면서 다른 녹조류들을 이용한 연구도 활발히 진행되었다. 하지만 광합성 연구에서 가장 유용하고 광범위하게 클로렐라를 대체한 종은 '클라미도모나스 레인하티*Chlamydomonas reinhardtii*'라는 녹조류였다. 이 종은 클로렐라에는 없는 새로운 특징 한 가지를 지니고 있었다. 바로 아주 단순한 유성생식 단계를 거친다는 점이다. 20세기 초중반은 초파리에서 시작된 유전학적 도구들이 활발히 연구되던 시기였고, 광합성 연구에 사용될 수 있으면서도 단순한 교배로 유전학적 연구를 수행할 수 있었던 클라미도모나스는 광합성을 유전학적으로 연구하는 데 최적의 모델생물이 될 수밖에 없었다.

게다가 클라미도모나스는 빛이 없을 때는 외부의 유기물을 이용해 살아갈 수 있다는 독특한 특징이 있었다. 빛이 생존에 필수적이지는 않기 때문에, 이 특징을 이용해 다양한 광합성 돌연변이들을 만들어낼 수 있었고, 광합성에 필요한 유전자들을 발굴할 수 있었다. 광합성에 문제가 생긴 돌연변이라도 암실에서 영양분만 있으면 살아갈 수 있기 때문이다. 빛이 없으면, 즉 광합성을 하지 못하면 죽어버리는 클로렐라로는 이러한 유전학 연구가 불가능했고, 클라미도모나스가 점차 광합성 연구자들의 주요한 모델생물로 자리잡기 시작했다.

게다가 클라미도모나스는 진핵생물이기 때문에, 자신의 핵에 지닌 유전체 외에도 엽록체가 지닌 유전체가 따로 있었다. 1954년 멘델의 유전법칙을 따르지 않는 돌연변이가 발견되었고, 그것이 엽록체의 유전자에 생긴 돌연변이임이 밝혀졌다. 즉, 클라미도모나스는 핵 속의 유전자와 엽록체의 유전자가 광합성에 어떻게 따로 또 같이 관련하는지를 연구할 수 있는 모델생물로도 각광받게 된다.

모델생물의 운명은 언제나 뒤바뀐다. 클로렐라와 클라미도모나스가 잠식하고 있던 광합성 연구는 고등식물의 광합성 대사계가 이들과 다르다는 사실이 알려지면서 쇠퇴하게 된다. 과학 연구에 있어 이상적으로 완벽한 모델생물은 존재하지 않는다. 다만 필요에 따라 그리고 자연이 모델생물에 제한해놓은 범위를 따라 그들은 과학자들에게 자연에 숨겨진 작은 비밀들을 적절히 보여주는 고마운 존재들일 뿐이다. 하지만 인류는 양분과 호흡, 방사선으로부터의 보호 외에도 광합성이라는 현상의 이해에 있어 다시금 이 조그만 녹조류들에게 빚지고 있다. 광합성은 지구에서 벌어지는 가장 중요한 화학반응이다.

07

효모—먹을 수 있는 모델생물

Saccharomycetales

연구하는 모델생물을 먹을 수 있다면, 그보다 유용한 실험도구는 없을 것이다. 적어도 그런 모델생물로 연구하는 과학자는 굶어 죽지는 않을 테니 말이다. 생물학자들은 다양한 모델생물을 연구하지만, 먹을 수 있는 모델생물을 연구하는 이들은 거의 없다. 세포생물학자들은 배양액에 담긴 세포를 먹을 수 없고 생쥐나 초파리, 혹은 선충을 연구하는 유전학자들도 그들의 연구대상을 섭취할 수 없다. 물론 드물게 닭이나 돼지 등을 연구하는 학자들이 그들을 가끔 먹는다는 이야기는 들어보았지만, 이런 일이 흔한 것은 아니다. 게다가 대부분의 모델생물은 악취가 심해서 생물학 실험실에서 자라는 모델생물을 먹는다는 것이 그다지 고상한 취미는 아닐 듯하다.

인류의 식생활을 더욱더 풍성하게

그런데 예외인 실험실이 하나 있다. 주변에 효모를 연구하는 실험실이 있다면 꼭 방문해보길 바란다. 냄새만으로는 그곳이 빵집

인지, 실험실인지 구분할 수 없을 것이다. 특히 우리가 매일 섭취하는 여러 밀가루 음식들과 빵, 맥주와 와인은 효모가 없다면 제조조차 할 수 없다. 효모는 생물학의 발전보다 문명의 발전에 기여한 바가 훨씬 큰 모델생물이다. 게다가 당장 식료품점에서 사온 밀가루에 실험실의 효모를 으깨 넣으면 빵을 만들 수도 있으니, 연구 및 섭취가 가능한 매우 고마운 모델생물이기도 하다.

대부분의 인류학자들이 동의하는 바로, 인류의 농경은 기원전 10000년경에 지금의 이라크에 해당하는 수메르의 비옥한 토지에서 시작되었다. 야생 밀이 자라던 그곳에서 비슷한 시기에 맥주도 만들어지기 시작했다고 한다. 농경이 시작됨과 동시에 인류의 음주가무도 시작된 셈이다. 고대 수메르인이 남긴 벽화에는 큰 나무통에 빨대 같은 것을 꽂아놓고 맥주를 마시는 장면이 기록되어 있기도 하다. 농경이 본격적으로 시작된 곳에서는 언제나 곡물의 발효 기법이 함께 발전했고, 서양인의 식단에 등장하는 빵도 그렇게 만들어졌다.

상업적으로 가장 중요하게 고려되는 효모 종은 '사카로미세스 세레비시이*Saccharomyces cerevisiae*'인데, 파스퇴르가 19세기 말엽에 유럽의 맥주에서 분리해낸 것이다. 물론 이 효모 종이가 과학자에 의해 분리되고 명명되기 훨씬 이전부터 이 생물종은 쌀, 밀, 보리, 옥수수 등에 존재하는 당분을 발효시켜 알코올을 생산한다고 알려져 있었고, 제빵 시에 이 생물종을 첨가하면 빵이 부풀어 오른다는 것도 알려져 있었다. 게다가 사람들은 효모를 비타민 보충제와 영양제로 섭취하기도 했는데, 이는 효모 무게의 절반 정도를 차지하는 단백질을 비롯해 비타민 B의 전구물질들이 효모에 풍부했기 때문이다.

사실 효모가 본격적으로 자본가들의 관심을 받은 것은 라거lager라 불리는 맥주 덕분이다. 라거가 등장하기 전의 모든 맥주는 에일ale이었는데, 이는 사카로미세스 세레비시이로 만들어진다. 이 효모는 보리를 발효시키는 과정에서 위로 뜨는 특징이 있다. 1888년 즈음에 코펜하겐에 위치한 칼스버그 양조장에서 처음으로 발효 과정 중에 가라앉는 효모가 발견되었고, 이렇게 만들어진 맥주는 에일보다 뒷맛이 개운하고, 쓰지 않고, 가벼운 맛이라는 것도 알려졌다. 이렇게 분리된 효모엔 사카로미세스 칼스버겐시스*S. carlsbergensis*라는 이름이 붙여졌다. 당시 라거 맥주는 유럽에서 일반 대중, 특히 여성층을 중심으로 선풍적인 인기를 얻게 되었고 점차 에일 맥주를 대체하게 된다. 맥주 애호가들은 에일의 깊은 맛을 선호하지만, 라거의 맛에 길들여진 사람들은 에일을 잘 받아들이지 못한다.

효모는 당을 발효시켜 이산화탄소와 알코올을 배출한다. 맥주 거품은 효모가 발효 과정에서 내는 이산화탄소인 셈이다. 제빵 과정에서도 효모는 밀가루의 당을 발효시키는데 이때 발생하는 이산화탄소 때문에 빵이 부풀어 오르게 된다. 빵집에서 나는 냄새는 효모가 밀가루를 발효시키는 과정에서 나는 독특한 냄새로, 당연히 휘발성 알코올이 어느 정도 포함되어 있다. 하지만 빵을 굽는 과정에서 매우 높은 온도가 가해지기 때문에, 알코올은 휘발되어 날아가버리고 빵에는 알코올은 물론 살아 있는 효모도 존재하지 않는다. 그것이 빵을 아무리 먹어도 취하지 않는 이유다.

와인 제조 과정에서 발효원으로 사용되는 것도 효모다. 보리가 아닌 포도를 사용하는 것만 제외한다면, 기본적으로 맥주와 와인이 만들어지는 과정은 동일하다. 맥주는 보리의 당분을, 와인은 포도의 당분을 효모가 발효시켜 알코올로 만든다. 효모는 한 시간에 자기 몸무게에 해당하는 양의 포도당을 발효시킬 수 있고, 최적화된 조건에서 전체 부피의 약 20% 정도를 알코올로 바꿀 수 있다.

가장 강력한 유전학의 도구

물론 효모는 인류의 식생활에 매우 큰 공헌을 해왔지만, 생물학의 발전에도 큰 기여를 하고 있다. 단세포 진핵생물인 효모는 매우 빠르게 분열하고 표현형과 유전형을 손쉽게 확인할 수 있어 이를 유전체에 배열하기 용이하다. 박테리아와는 달리 인간에 더 가까운 진핵생물이라는 이유로 지난 두 세기 동안 널리 사용되어 왔다. 실제로 효모에서 일어나는 세포분열, 유전자 복제, 전사, 접합, 대사 과정은 대부분의 진핵생물에 진화적으로 보존되어 있어서, 효모는 진핵생물의 세포 내 기제들을 연구하는 데 필수적이며 기본적인 모델생물이 될 수 있었다.[1]

특히 유전학 연구에서 효모는 가장 강력한 모델생물이다. 진핵생물 중 가장 먼저 유전체가 해독되었을 뿐 아니라 유전학적 도구들이 풍부하고 조작도 매우 쉽기 때문이다. DNA의 양이 대장균의 3.5배 정도밖에 안 된다는 점, 특히 돌연변이를 만들거나 외부 유전자를 주입하는 게 매우 쉽다는 점은 효모가 가진 우월한 특징 중 하나다. 실험실에서 사용하는 효모는 단수체haploid와 이배체diploid의 생활사를 지니고 있어서 열성 돌연변이들을 만들고 이를 유지하기에 매우 용이하다. 또한 대사에 관여하는 유전자들이 대부분 밝혀져 있어서 이를 마커로 사용하면 원하는 유전적 조작을 마음대로 수행할 수 있다. 예를 들어 트립토판tryptophan 생성을 못하는 효모 계대에 트립토판을 만드는 유전자와 연구자가 원하는 유전자를 지닌 플라스미드plasmid를 주입한 후, 트립토판이 없는 배지에서 키우면, 외부 유전자가 주입된 계대만 분리할 수 있다. 다양한 표현형과 마커의 존재는 유전학에 있어 필수적이고, 효모는 이런 측면에서 가장 강력한 유전학의 도구가 된다. 효모 유전학을 '무시무시하다'라고 부르는 것이 결코 과장은 아닌 셈이다.

효모는 진핵생물의 기본적인 유전자와 세포대사 과정뿐만 아니라 다른 생물들의 유전자와 세포대사 과정을 밝히는 데에도 널리 사용된다. 예를 들어 세포 내 단백질들 간의 상호결합을 밝히는 데 널리 사용되는 방법이 효모단백질잡종법yeast two-hybrid인데, 이 방법은 한국인 과학자 송옥규 박사가 공동 개발해 지금까지 알려진 단백질 결합쌍의 상당수를 발굴하는 데 기여했다.[2]

유전학 도구들이 발전하면서 효모에서 개발된 방법들이 초파리, 물고기, 생쥐 등으로 퍼져나갔다. 인간에 가까운 생물종에 관한 연구를 편향적으로 선호한다는 이유로 효모 연구가 조금 쇠퇴하는 듯 보였지만, 20세기 말에 시작된 유전체 프로젝트와 이를 필두로 새롭게 나타난 생물정보학, 시스템생물학이 효모를 다시금 중요한 모델생물로 위치시켰다. 이제 효모는 유전학이 아니라 유전체학, 시스템생물학에서 빼놓을 수 없는 중요한 생물이 되었다. 박테리아와 더불어 과학자들이 가장 먼저 한 종의 생물을 샅샅이 해부하게 된다면, 아마도 그것은 효모가 될 것이다. 모델생물의 운명은 이렇듯 언제나 예측 불가능하다.

한가한 저녁, 퇴근 후에 회사 동료들과 맥주를 한잔하고 있다면, 혹은 사랑하는 애인과 근사한 레스토랑에 앉아 와인과 빵을 곁들인 식사를 하고 있다면, 여러분은 어마어마한 양의 효모를 먹고 있는 셈이다. 효모에게 고마워할 필요는 없겠지만, 한 번쯤 맥주공장에서 분리된 작은 생물체가 생물학의 지형을 뒤바꿔놓았음을 생각해보는 것도 나쁘지 않겠다. 효모는 인류의 문명사와 생물학사 전체를 통틀어 꽤나 큰 공헌을 한 모델생물이다. 물론 여러분은 그 고마운 존재를 먹어야 하겠지만 말이다.

08

붉은빵곰팡이—생화학 유전학의 탄생

Neurospora crassa

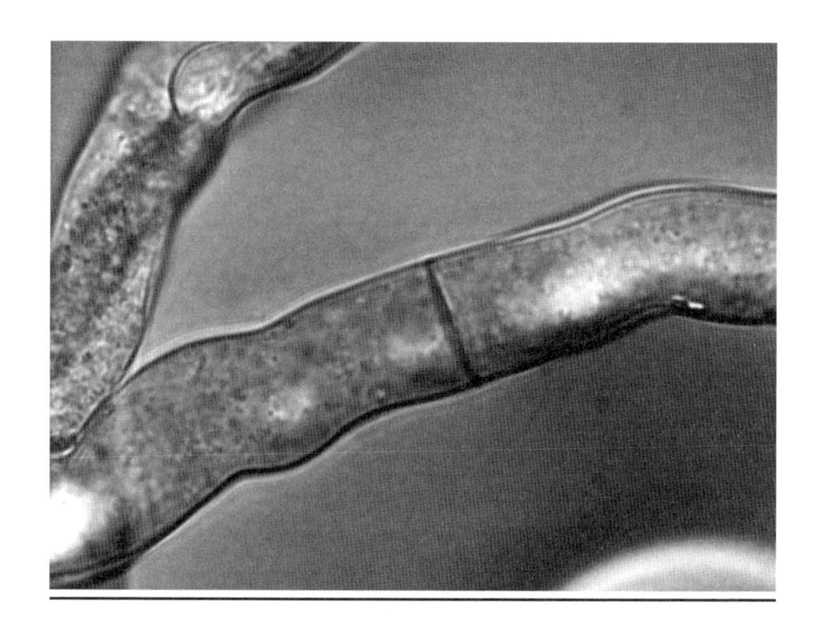

1유전자 1효소설과 비들, 테이텀에 대한 이야기

1958년 처음이자 마지막으로 붉은빵곰팡이 연구에 노벨생리의학상이 수여된다. 하지만 그 상의 절반은 대장균에게 양보해야 했다. 노벨위원회는 1958년 생명체 내의 화학반응을 조절하는 유전자의 기능을 밝힌 공로로 조지 비들George W. Beadle과 에드워드 테이텀Edward L. Tatum에게 생리의학상을 시상하면서, 그들의 제자인 조슈아 레더버그Joshua Lederberg의 세균의 유전자 재조합 연구를 포함했다. 같은 유전학 연구이긴 하지만, 어떤 의미로 보면 서로 어울리지 않는 이들이 함께 노벨상을 타게 된 이유는 알 수 없다. 꼭 세 명을 채우려는 노벨위원회의 결정일 수도 있고, 비들의 제자인 레더버그의 '형질전환transformation' 연구가 워낙 혁명적이라 한꺼번에 수상한 것인지도 모른다. 이유는 알 수 없으나, 그렇게 붉은빵곰팡이는 처음이자 마지막 노벨상을 수상한다. 그리고 인터넷은 붉은빵곰팡이와 비들, 테이텀을 한 타래로 묶어 기억하며, 이들이 제안한 '1유전자 1효소설'만 부각해 곰팡이를 추억한다.

1941년 비들과 테이텀은 X선을 이용해 포자의 돌연변이를 유도하던 중, 비타민 B1(티아민) 혹은 비타민 B6(피리독신)이 없으면 성장을 멈추는 변이체를 발견했다. 외부에서 비타민을 공급하면 성장이 가능한 이 변이체들은, 아마도 해당 물질을 생산하는 효소의 유전자에 돌연변이가 일어난 것으로 추측되었다. 해당 변이체의 형질이 계속해서 유전되었기 때문이다. 아직 유전자의 물리적 실체는 물론, 유전자가 어떻게 효소나 단백질을 생성하는지 알려지지 않았던 시기에, 비들과 테이텀은 하나의 유전자는 하나의 단백질(효소) 생산에 관여한다는 가설을 세우기 시작한다. 지금은 틀린 것으로 밝혀졌지만, 한때 생물학자들을 열광하게 만든 '1유전자 1효소 가설'의 탄생이다.[1]

1941년에 발표된 이들의 논문이 지닌 의미는 굉장했다. 아직 왓슨과 크릭이 이중나선 구조를 밝히기 이전이었고, 유전자의 기능과 물리적 실체에 대해 다양한 이론이 난무하던 춘추전국의 시대에, 비들과 테이텀은 유전자가 생명체의 화학적 반응을 조절하는 실체임을 분명히 밝혔기 때문이다. 이들이 실험유전학의 기법으로 밝혀낸 반응이 생화학의 영역이라는 점이 특히 중요하다.

생화학은 20세기 후반부터 독자적으로 발전했으며, 주로 대사회로와 대사경로, 당 분해 과정, 요소회로, 크렙스회로 등의 발견으로 시험관 내에서 생명의 물리화학적 반응을 연구하는 실험 기법을 진보시켰다. 분자생물학의 역사를 다룬 책을 집필한 미셸 모랑주Michel Morange는 비들과 테이텀의 연구를 생화학과 유전학이 거의 처음으로 조우하는 장면으로 묘사한다.

"1941년 비들과 테이텀은 유전자가 효소합성을 조절하며, 개개의 효소에 대해 서로 다른 유전자가 존재함을 증명했다. 이 발견은 생화학과 유전학을 연결하는 첫 단계였으며, 순수하게 분자생물학이 이루었다고 할 수 있는 첫 번째 대발견이었다."

생화학적 기법으로 연구가 가능한 대사경로와 대사회로를 유전학과 연결시킨 이 쾌거에 힘입어, 레더버그 등은 박테리아의 대사회로를 아주 빠르게 점령해나갔고, 현재 우리가 생화학 교과서에서 볼 수 있는 대부분의 생화학적 대사경로와 회로가 지도화되기 시작했다. 한 가지 문제는, 유전자의 작동 방식이 여전히 모호했던 분자생물학의 초창기에, 비들과 테이텀이 자신들의 발견에 국한된 '유전자=효소'라는 이론을 강하게 밀어붙였다는 점이다. 물론 당시의 생물학자들에게 자기복제하는 효소는 유전자의 기능을 설명하는 아주 강력한 가설이었고, 생화학과 유전학의 만남은 그런 가설을 뒷받침하기 충분한 기회를 제공하고 있었다. 하지만 그런 해석은 막스 델브뤼크 같은 분자생물학의 아버지에게 의심을 받았고, 생물학의 역사에서 언제나 그렇듯, 성급한 일반화의 오류로 끝나버린다.[2] 하지만 붉은빵곰팡이가 생화학을 유전학과 연결시켜 분자생물학의 도약을 이끈 생물이라는 사실과 더불어, 생화학적 유전학이라는 독특한 학문을 출발시켰다는 사실에는 변함이 없다.[3]

생화학, 산업, 그리고 곰팡이의 유행

비들과 테이텀의 연구는 대사 과정과 비타민 합성 등의 산업적 응용이 가능한 소재를 다뤘고, 테이텀의 아버지인 아서 테이텀Arthur Tatum은 유가공 및 농산물 산업과 생화학이 유기적으로 연결되어 있던 위스콘신 대학의 생화학자였다. 이들의 연구는 곧 산학협동체제를 만들었고, 비들과 테이텀의 연구는 이후 제약회사 및 농산물 산업체 등에서 풍족한 연구비를 지원받을 수 있었다.[4]

곰팡이는 자연의 환경미화원이다. 대부분의 곰팡이에겐 광합성 능력이 없기 때문에, 생존에 필요한 양분 대부분을 외부에서 흡수해야 한다. 이 과정에 다양한 효소가 사용된다. 따라서 곰팡이는 식품가공, 낙농업, 가죽공업, 필름공업 등에서 사용되는 다양한 효소제를 생산하는 주요 원천이기도 하다. 곰팡이 연구는 처음부터 이런 산업적 응용을 전제로 시작된 측면이 강하다.[5]

곰팡이가 생물학에 얼굴을 보인 것은 1842년 프랑스 파리의 빵집들에 주황색 곰팡이들이 잔뜩 퍼지기 시작하면서부터다. 파앤A. Payen이라는 과학자가 이 곰팡이를 조사했고, 열과 빛에 대한 반응을 기록했다.[6] 이후 네덜란드가 지배하던 인도네시아 자바, 브라질, 일본 등에서 음식에 핀 곰팡이를 퇴치하기 위한 연구가 진행되면서 곰팡이는 생물학자들에게 친숙한 모델생물이 된다.[7]

비들과 테이텀은 원래 모건의 초파리 그룹이 연구하던 유전학 연구로부터 큰 영향을 받은 초파리 유전학자였다. 특히 비들은 초파리의 눈을 빨갛게 만드는 색소를 연구했는데, 이는 비들이 처음부터 생화학적 접근 방식을 염두에 두고 있었음을 의미한다. 이후 비타민 연구를 지속해온 테이텀을 만나면서, 생화학적 대사경로를 유전학적으로 연구하기 위해서는 초파리보다 좀 더 단순한 생물이 필요함을 인식하고, 곰팡이를 찾게 된 셈이다.

1941년의 논문은 유전학에 종사하는 대부분의 연구자들에게 강력한 영향을 미쳤다. 모건 그룹에서 성장했고 훗날 진화생물학과 연결되는 집단유전학을 창시한 도브잔스키를 비롯해 훗날 옥수수 유전학 분야에서 유동인자 트랜스포존을 발견한 바버라 매클린톡까지,[8] 당시 대부분의 생물학자들에게 곰팡이 유전학은 뜨거운 감자였고, 그 인기는 지속될 것처럼 보였다.

한쪽 날개로만 날아 잊힌 생물

후성유전학epigenetics이 유행하면서 곰팡이의 특이한 유전자 복제 저해 기작이 주목받기도 하지만, 전반적으로 곰팡이는 생물학의 대표적인 모델생물 자리를 다른 종에게 내어주기 시작했다.[9] 모든 모델생물은 유행하는 연구를 따라 나타났다가 사라지는 주기를 거친다. 곰팡이가 봉착했던 난관은, 비들과 테이텀이 성공했던 방식의 발견이 어느 순간 멈추었다는 데서 시작한다. 생화학적 대사경로에서 영양소 하나를 만드는 유전자를 동정하는 행운이 어느 순간 멈추는 것은 어쩌면 예상할 수 있었던 일인지 모른다. 1950년대 초반까지 약 10년 동안 염색체 재조합 등의 연구를 이끌던 곰팡이는 어느 순간 초파리, 대장균, 효모 등에게 자리를 내어주고 생물학자들의 관심에서 잊혔다.

한때 분자생물학계를 주름잡았고, 노벨상을 수상했으며, 산업적 응용 가능성으로 인해 연구비 경쟁에서도 뒤처지지 않았던 곰팡이가 생물학자들에게 외면받게 된 이유를 정확하게 알기는 어렵다. 진균 유전학은 여전히 미국유전학회의 한 자리를 차지하고 있고,[10] 진균 유전학을 지원하는 여러 조직이 건재하지만, 진균 유전학이 생물학의 최전선에 있다는 느낌은 들지 않는다.[11] 2011년 셀커Selker라는 한 과학자는 여전히 곰팡이가 매력적인 이유를 8가지로 설명했다. 물론 그 설명 앞에 "당연히 대장균과 효모가 훨씬 유명하고 널리 사용되기는 하지만"이라는 조건을 달아야 했다. 곰팡이는 1)키우기 쉽고, 2)단수체 상태에서 핵을 이용해 유전형질을 추적하기 쉬우며, 3)상대적으로 작은 유전체와 잘 지도화된 염색체가 있고, 4)수천 개가 넘는 돌연변이가 존재하며, 5)다양한 야생형과 돌연변이 변이체를 손쉽게 구할 수 있고, 6)후성유전학 연구를 위해 필요한 메틸화 등의 분자적 기제가 존재하고, 7)유전학적 연구를 위한 최신 도구들이 모두 존재한다.[12]

셀커가 곰팡이를 위한 변명에서 마지막으로 제시한 것은 곰팡이 연구자 공동체가 지닌 특성이다. 초파리, 선충 등의 유전학 연구공동체에서 이미 알려져 있듯이, 유전학 연구공동체는 거대화되고 상업화되는 생물학의 파도 앞에서도 협력적인 연구 문화를 유지시켜왔다.[13] 이런 공동체적 문화를 정착시키는 역할을 담당했던 퍼킨스David Perkins와[14] 메첸버그Bob Metzenberg 등의 노력은, 여전히 소수이지만 협력적인 분위기로 곰팡이 유전학 연구를 지켜나가는 이들이 존재할 수 있는 이유이기도 하다. 의생명과학의 대부분이 생쥐로 채워지면서, 연구비와 출판을 위한 무한경쟁이 가속화되고, 연구공동체의 협력적 문화가 사라져가고 있지만, 20세기 유전학의 성장과 함께 나타났던 연구공동체의 도덕경제를 우리는 한 번쯤 되새길 필요가 있다.[15]

현재 진행 중인 곰팡이 연구에서도 분명히 드러나듯이, 대부분의 연구 주제는 유전자와 염색체를 둘러싼 분자세포 유전학적 접근이다. 모건의 유전학 연구실에서 도브잔스키라는 진화생물학의 근대종합을 이끈 생물학자가 탄생한 것과는 달리,[16] 곰팡이 연구는 분자생물학이라는 생물학의 한쪽 날개에 머물며, 진화생물학과 조우하지 못했다. 야생에 존재하는 다양한 곰팡이 종들과 빠르게 증식하는 곰팡이의 특성을 생각하면, 곰팡이를 이용한 집단유전학이 등장했을 법도 하지만, 대부분의 곰팡이 연구자들은 세포 안의 염색체에 사로잡혀 진화생물학의 손을 잡지 않았다. 퍼킨스는 이 문제에 천착했고, 초파리가 이배수체 집단유전학의 대표적 생물이 된 것처럼 곰팡이로 단수체 생물종의 집단유전학을 건설하려 했지만, 그 노력이 실현되지는 않은 것으로 보인다.[17] 단정적으로 말할 수 없지만, 유전학의 모델생물이면서도 분자생물학과 진화생물학의 두 날개를 잡지 못했던 곰팡이 연구는 더 다양한 연구 소재를 발견하지 못하여 정체된 것일지도 모른다. 갈등하고 반목하기는 하지만, 분자생물학과 진화생물학의 전통이 균형 있게 발전해나가는 초파리, 선충, 애기장대 등의 모델생물을 보면 그런 생각이 든다.

한국에서 붉은빵곰팡이 연구로 가장 먼저 출판된 논문은 고려대학교 생물학과 교수를 지낸 이영록 교수의 것으로,[18] 곰팡이에 자외선을 쬐어 곰팡이의 성장을 관찰한 것이다. 한국에서 곰팡이 연구는 미생물학회의 진균유전생물학 분과를 중심으로 연구되고 있다.[19] 한때 노벨상을 배출할 정도로 분자생물학의 시작을 알렸고, 유전학과 생화학을 연결시킨 곰팡이의 운명이 어떻게 될지는 아무도 모른다. 여러 산업적 응용 가능성이 열려 있는 이 모델생물이 어떻게 다시 생물학자들의 관심을 얻을지 지켜보는 것도 흥미로운 일이다. 곰팡이에 관심 있는 사람들은 이 문장의 주석에 나열된 논문들을 읽어보기 바란다.[20]

09

애기장대 — 잡초에서 식물학의 꽃으로

Arabidopsis thaliana

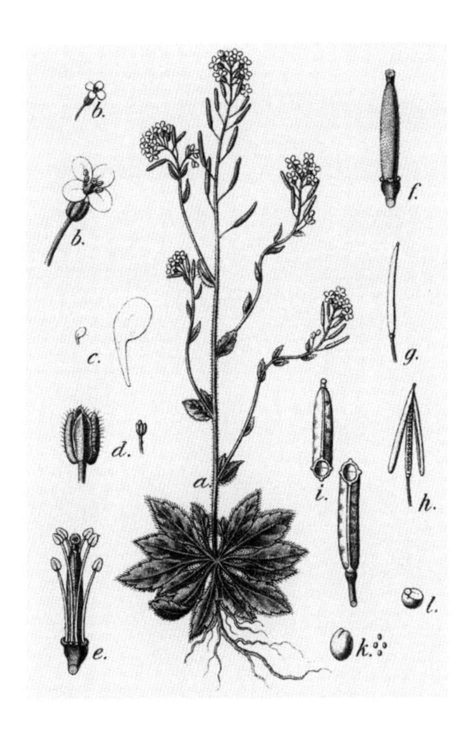

"그러므로 여행자는 식물학자여야만 한다. 모든 장관은 식물에 의해 연출되므로."

찰스 다윈

'인간은 동물이다'라는 단순한 명제가 식물학에 대한 생물학자들의 이상한 편견을 설명해준다. '생명의 이해'라는 거창한 화두로 기초과학에 대한 지원을 호소할 때조차 생물학자들은 무의식적으로 인간이라는 동물을 가정하고 있기 때문이다. '생명의 이해'가 가닿는 곳에는 '인간의 이해'라는 목적이 자리하고 있다. 과학을 경제발전의 도구로만 바라보는 정부와 기업에 맞서는 과학자들조차 식물학에 대해서만큼은 편견으로 가득하다. 인간에 대한 이해는 숭고한 목적이 되어 식물학을 농업의 도구로 전락시키고 만다. 동물학자들의 과학사랑은 식물학에 대해서 만큼은 모순적이다.

실제로 생물학 교과서에서 식물학은 천대받고 있다. 유전학의 시작을 알린 것이 멘델의 완두콩이었고 이를 재발견한 더프리스도 달맞이

꽃을 연구한 식물학자였지만, 교과서에서 식물이 비중 있게 다루어지는 것은 그것으로 끝이다. 식물에 대한 기초적인 이해가 몬산토라는 거대 종자회사를 탄생시켰지만, 식물학에 대한 편견은 여전히 남아 있다. 사람들의 인식 속에서 유전학의 모델생물은 완두콩, 초파리, 그리고 생쥐일 뿐이다.

식물학계의 초파리, 애기장대

애기장대*Arabidopsis thaliana*라 불리는 식물이 있다.[1] 영어로는 '쥐귀 냉이mouse-ear cress'라 불리는 냉이와 닮은 배추과 식물이다. 꽃을 피우는 개화식물이지만 애기장대의 산업적 이용가치는 거의 전무하다. 사람들은 이러한 식물을 잡초라 부른다. 하지만 60cm가 채 되지 않는 이 작은 잡초가 과학에 기여한 바를 알게 된다면 더 이상 이 식물을 잡초라 부르지 못할 것이다. 애기장대는 식물 중에서 가장 먼저 유전체 해독이 이루어졌고, 전 세계 6,000여 개의 실험실에서 16,000여 명의 연구자들에 의해 연구되고 있으며 매년 2,500편이 넘는 논문이 출판되고 있는 식물학계 최고의 스타이기 때문이다. 애기장대는 식물학계의 초파리다.[2] 식물학의 모델생물 중 애기장대를 넘어설 수 있는 종은 아직 없다.

애기장대는 16세기 독일의 하르츠 산맥에서 요하네스 타이Johannes Thai에 의해 최초로 발견되었고, 그의 이름을 따 명명되었다. 1873년 애기장대의 돌연변이체가 최초로 보고되었지만 잡초는 과학자들의 관심을 받지 못했다. 애기장대가 다시 주목받게 된 것은 1940년대 독일의 라이바흐Friedrich Laibach가 다양한 돌연변이체들을 수집하면서부터다. 라이바흐와 그 제자들의 노력으로 1964년, 애기장대에 관한 다양한 정보들을 제공하는 서비스인 AIS(Arabidopsis Information Service)가 시작되었고, 소수의 식물학자들이 조직적인 소그룹을 형성했지만, 전후의 과학계 분위기는 애기장대에 유리하게 돌아가지 않았다. 담배를 비롯한 농업작물 연구에 대부분의 연구비가 지원되었기 때문이다. 아무짝에도 쓸모없어 보이는 애기장대 연구는 1970년대 내내 큰 주목을 받지 못했다.

침체되어 있던 애기장대 연구자들의 구원투수는 동물 연구에서 전향한 유전학자들이었다. 1980년대 유전학의 스타는 초파리였고, 당시 초파리 연구계는 수많은 연구자들로 이미 가득 차 있었다. 모건의 5대 손쯤 되는 엘리엇 메이어로위츠Elliot Meyerowitz는 초파리를 연구하는 실험실에서 교수직을 시작했지만 곧 애기장대로 연구 주제를 전환했다. 효모로 유전학을 연구하던 로널드 데이비스Ronald Davis와 제럴드 핑크Gerald Fink도 애기장대를 매력적인 유전학의 모델생물로 인식하고 전향했다. 분자생물학이 전성기를 누리던 1980년대는 많은 생물학자가 비약적으로 발전한 분자생물학적 도구들을 적절히 적용할 모델생물을 찾아 헤매던 시기였다. 이미 동물계에는 수많은 모델생물이 난립하고 있었다. 경쟁이 심해지는 곳에서 블루오션을 찾으려는 노력은 과학자들에게도 해당하는 말이다. 그들에게 애기장대는 고등식물의 초파리로 보였을 것이다.

식물 최초로 유전체 해독 계획 모델이 된 잡초

분자생물학이 마련해놓은 수많은 도구들이 준비되어 있었고, 동물학에서 식물학으로 전향한 뛰어난 과학자들이 애기장대를 선택했으며, 20세기 초반부터 준비해온 애기장대 연구 조직이 존재하고 있었다. 애기장대 연구자들은 자신들의 연구 결과와 정보들을 공유하고 상생하는 가족과 같은 문화를 만들어갔다. 뛰어난 과학자들의 참여는 젊은 과학자들에게도 긍정적으로 작용했다. 많은 젊은이들이 애기장대를 연구하기 위해 모험을 감행했다. 이러한 분위기 속에서 생각지도 않았던 발견이 이루어진다.

유전학 연구를 위해서는 해당 모델생물의 유전체를 형질전환시킬 수 있는 도구가 필수적이다. 초파리와 효모 유전학자들은 방사선이나 화학물질을 이용해 일찌감치 이러한 도구를 보유하고 있었다. 문제는 식물의 형질전환이 쉽지 않다는 데 있었다. 형질전환에 지나치게 많은 노력을 들여야 한다면, 유전자 연구를 위한 다양한 돌연변이체들을 만들 수 없고, 다양한 돌연변이체가 없다면 유전학 연구는 원천적으로 불가능하다. 그런데 1986년에 마술과 같은 일이 벌어진다. 펠트만Kenneth Feldmann에 의해 아그로박테리아를 이용한 애기장대의 형질전환법이 개발된 것이다. 매우 간단하고 강력한 이 기법은 곧 애기장대 연구자들 사이에 확산되었고, 수많은 형질전환 식물들이 만들어지기 시작한다. 더욱 많은 젊은이들이 애기장대와 사랑에 빠졌다.

유전학 연구를 위한 기술적 난제가 해결되었지만, 애기장대가 잡초라는 사실은 전혀 변하지 않았다. 아무리 매력적인 모델생물이라 해도 결국은 잡초일 뿐이다. 초파리와 예쁜꼬마선충의 유전학 연구도 모두 초기에 이러한 장벽을 지니고 있었다. 하지만 두 분야의 선구자들은 과학적 업적뿐 아니라 과학정책을 입안하는 사람들과의 관계에도 능숙한 사람들이었다. 실제로 과학적 업적으로 존경받는 뛰어난 과학자 한두 명의 존재는 연구하는 분야에 대한 사회적 지원에 엄청난 영향을 미친다. 애기장대 연구를 이끌던 선두 그룹은 이중나선의 영웅 제임스 왓슨의 눈에 띄는 행운을 얻는다.

1980년대 중반 미국의 동물 연구는 대부분 미국국립보건원NIH의 주도로 이루어지고 있었고, 식물학은 여기서 많은 지원을 받을 수 없었다. 반면, 미국국립과학재단NSF은 미국국립보건원과 미국 과학계의 주도권을 두고 경쟁하는 관계였고, 미개척지인 식물학에 눈독을 들이고 있었다. 어떤 식물을 모델생물로 선정해 전폭적인 지원을 할 것인지에 관해서는 의견이 분분했고, 콜드스프링하버연구소를 운영하던 제임스 왓슨의 주도로 애기장대가 바로 그 행운의 식물로 선택되었다. 유전체 해독 계획을 주도하던 제임스 왓슨은 식물 최초의 유전체 해독 대상으로 애기장대를 선택했고, 그것으로 승부는 갈렸다. 애기장대는 과학의 역사에서 가장 많은 연구비가 투입된 식물로 재탄생했다.

사무치는 그리움

애기장대 연구의 역사는 과학이 발전하는 데 있어 단순한 과학적 업적 이외의 여러 제도적 여건들이 얼마나 중요한지를 보여주는 좋은 사례다. 생활주기가 짧고, 유전체가 단순하며, 다양한 분과 학문들이 융합될 수 있다는 과학적 요인 이외에도, 연구공동체의 분위기와 장기간의 연구를 지원할 수 있는 연구 기금의 조성과 같은 제도적 요인들이 애기장대의 성공에 이바지했다. 이러한 요인들 중 하나라도 부족했다면, 오늘날의 애기장대 연구는 없었을지 모른다. 무엇보다도 1940년대 막스 델브뤼크가 이끌었던 파지 그룹과 같은 젊고 진취적인 소그룹이 애기장대 연구자들 사이에 형성되었다는 사실을 인식하는 것이 중요하다. 과학을 지원하는 사회적 제도들은 이러한 과학자들의 열정 없이는 성공할 수 없기 때문이다.

점점 의학적인 응용에 매몰되는 동물 연구처럼 식물 연구도 농업이라는 산업적 응용에 매몰되고 있다. 거대 제약회사들이 동물 연구를 주도하듯이 거대 종묘회사들이 식물 연구를 주도하고 있다. 이러한 분위기 속에서 다시 애기장대와 같은 과학사의 기적이 일어날 수 있을지 장담할 수 없다. 기초과학의 중요성을 강조하는 분위기에서도 이제 과학자들은 좀처럼 모험을 시도하려 하지 않기 때문이다. 과학의 역사에 또다시 라이바흐, 메이어로위츠, 제임스 왓슨과 같은 드림팀이 등장할 수 있을까? 아마 그 대답은 한 사회가 과학을 어떻게 바라보느냐의 문제에 달려 있을 듯하다. 한 사회의 과학은 그 사회의 수준을 반영하기 때문이다.

멘델의 완두콩은 '미래의 기쁨'이라는 꽃말을 가지고 있다. 멘델 사후에 그의 연구가 재발견되는 기쁨을 얻었으니 잘 어울리는 꽃말이다. 애기장대는 꽃말이 없지만, 비슷하게 생긴 냉이의 꽃말은 '사무치는 그리움'이다. 사무치는 그리움, 어울리는 꽃말이다.

10

옥수수—신화가 된 과학

Zea mays

> "멘델리즘은 단지 대수학이나 화학에서 사용하는 것과 같은 개념적 기호이다. 그것이 실재에 광범위하게 기초해 있고, 일련의 유전적 사실을 설명한다고 할지라도, 우리는 그것을 수학적, 화학적 기호처럼 사용해야 한다."
>
> **에드워드 머리 이스트** Edward Murray East

1900년은 유전학의 역사에서 기념비적인 전환이 일어난 해다. 잊힌 멘델의 유전법칙을 휘호 더프리스Hugo Marie de Vries, 에리히 폰 체르마크Erich von Tschermak, 그리고 카를 코렌스Karl Correns가 독립적으로 재확인하고, 멘델의 법칙이 생물학자들에게 유전학에 대한 관심을 불러일으킨 중요한 해이기 때문이다. 이들 중 코렌스는 완두콩뿐 아니라 옥수수를 통해 멘델의 법칙을 재확인했다.

미국 농업의 과학화와 옥수수 유전학의 탄생

유전학의 역사는 멘델이라는 분명한 시조를 가진 연대기다. 그리고 멘델은 수도원에서 완두콩과 조팝나물을 연구했던 식물학자였다. 즉, 유전학은 그 기원으로 식물학자를 섬기는 종교다. 멘델의 법칙도 세 명의 식물학자들이 재발견했다. 하지만 언젠가부터 유전학에서 식물은 동물에게 모든 자리를 내주었다. 인간이 동물이기 때문이다.

19세기 말에서 20세기 초까지, 옥수수를 연구하던 학자 대부분은 육종가였다. 그건 옥수수가 대부분의 국가에서 중요한 식량자원이기 때문에 당연한 일이었다. 따라서 옥수수 유전학은 필연적으로 농업과 육종이라는 국가경제 틀 안에서 관리될 수밖에 없었다. 19세기 말의 미국은 여전히 유럽에 비해 과학 발전이 늦은 편이었고, 대부분의 미국 과학자가 유럽으로 유학을 다녀와야 대학에 자리를 잡을 수 있을 정도였다. 아직 생물학이 대학에 제대로 자리를 잡지 못했던 미국에서, 마침 시작된 농업 과학화 정책은 옥수수 유전학이 대학에 진입할 수 있는 절호의 기회가 되었다.[1]

미국은 실용주의를 기반으로 기초과학과 응용과학의 경계를 허물었다. 따라서 미국 옥수수 유전학자들도 멘델의 이론을 육종가의 관점에서 접근하는 데 아무런 문제를 느끼지 않았다. 그렇게 탄생한 미국의 농업시험소에서 이스트E. M. East와 에머슨R. A. Emerson은 옥수수 유전학이라는 분야를 만들어나갔다. 이들은 훗날 각각 하버드 대학과 코넬 대학에 자리를 잡게 되는데, 에머슨은 '옥수수 유전학 협동그룹Maze Genetics Cooperation'을 만들고 코넬 대학에 옥수수 저장센터Maze Stock Center등을 만들며 옥수수 유전학 연구공동체가 미국에 퍼지는 데 크게 기여했다.[2] 이들의 목표는 이론적 연구와 응용에 걸쳐 있었으며, 잡종 옥수수를 만드는 성공을 기점으로 멘델리즘을 육종에 최적화된 형태

— 옥수수를 먹다보면 옥수수 씨알의 색깔이 다른 것들도 있는데, 매클린톡은 바로 이 표현형을 파고들어 그 기저에 트랜스포존이 존재한다는 것을 증명했다.

로 수정해서 받아들이게 된다.

초파리 그리고 옥수수

1920년대 옥수수 유전학자들은 멘델의 이론을 적용해서 복잡한 양적형질을 설명하려고 노력 중이었고, 다양한 형질발현 현상 중에서도 대표적인 배젖endosperm의 무늬패턴을 설명하는 데 관심이 있었다. 에머슨은 이 현상을 연구했고, 그의 제자로 들어온 사람이 바버라 매클린톡Barbara McClintock이다.

매클린톡이 에머슨의 실험실에서 연구를 시작했던 1920년대의 유전학계는 초파리와 옥수수가 양분하고 있었다. 초파리 유전학은 이미 모건의 실험실을 통해 미국의 대표적인 기초과학으로 유명했고, 옥수수 유전학은 순수한 과학적 연구보다는 좀 더 농업과 육종에 기반한 응용학문의 성격을 띠고 있었다. 이 두 유전학 전통은 제도적 기반과 이론적 관심에서 모두 다른 성격을 드러내는데, 초파리 유전학이 대학을 기반으로 탄생한 순수과학으로 유전자의 위치 및 그 표현형을 이론적으로 연구하는 데 관심이 있었다면, 옥수수 유전학은 농업시험소에서 탄생한 응용과학으로 옥수수 잡종을 만들 때 필요한 염색체의 행동과 형질변화를 이해하는 데 관심이 있었다.

이런 두 전통의 차이는 같은 유전학자이면서도 염색체와 유전자를 바라보는 관점의 차이를 만들어낸다. 예를 들어 모건의 제자들은 고전 유전학classical genetics이라는 분야를 만들어내며 유전자를 일종의 물리화학적 실체로 증명하는 데 관심을 가진 반면, 매클린톡과 같은 육종과학자는 유전자의 물리적 실체보다는, 염색체상에 위치하는 유전자를 표지로 삼아 잡종과 돌연변이를 만드는 염색체의 행동을 연구하는 데 관심을 보였다.

매클린톡은 1929년과 1931년의 논문을 통해 세포학적 표지와 유전자 표지를 이용해 염색체의 행동을 정밀하게 추적할 수 있고, 이를 통해 염색체의 교차를 증명할 수 있음을 밝힌다.[3] 매클린톡은 정밀한 관찰자이자 도구개발자였다. 그는 염색체를 염색하고 고정하는 새로운 방법을 개발해 논문을 발표했고,[4] 옥수수 염색체 각각을 형태에 따라 구분하는 능력을 길렀다. 마치 외과의들이 엑스레이 사진에서 일반인이 보지 못하는 특징을 찾아내듯이, 매클린톡은 옥수수 염색체 속에서 남들은 인식하지 못하는 작은 변화들을 찾아 추적할 수 있었다.

이 시기부터 매클린톡과 초파리 유전학자들의 관심사는 멀어지기 시작한다. 그리고 그 이별은 두 모델생물이 지닌 커다란 생물학적 차이에서 기원하는지도 모른다. 즉, 세대 간의 유전자 대물림 연구에 특화된 초파리의 경우, 한 세대 내에서의 염색체와 유전자의 발현은 큰 관심이 아니었던 반면, 개체를 죽이지 않고도 한 세대 안에서 다양한 조직을 관찰할 수 있던 옥수수 유전학의 경우, 유전자의 발현 과정을 염색체의 행동을 통해 연구할 수 있었기 때문이다. 이후 매클린톡은 다른 그룹에서 발견한 환형 염색체를 통해 염색체 행동패턴에 대한 집착을 보이기 시작한다.

이쯤에서 1930년대 생물학계의 분위기를 생각해볼 필요가 있다. 당시 많은 물리학자들은 닐스 보어와 슈뢰딩거의 영향을 받아 생물학으로 넘어왔고, 이들 중에는 훗날 분자생물학에 큰 영향을 미친 델브뤼크 같은 인물이 포함되어 있었다. 이들에게 생물학에서 가장 중요한 문제는 유전자의 물리적 실체와 그 발현 과정의 물리화학적 이해였을 것이다. 따라서 매클린톡이 주목했던 염색체의 행동패턴은 이미 분자생물학자들 사이에서 주류가 되어버린 초파리 유전학의 전통 속에서 주목받기 어려웠다. 이런 연구가 지속되어 그가 '조절인자controlling element'라고 부른 전이인자transposon가 발견되어 30년 후 노벨상을 타게 되지만, 그는 자신이 유전학계에서 고립되었다고 느꼈다.

그런 고립감에 대한 저항으로 매클린톡은 자신의 발견을 조절인자라 부르며 생명원리로 만들기 위해 노력했으나, 그가 주장하는 그런 독단적인 이론은 초파리 유전학에서 분자생물학과 합쳐지는 분자유전학의 주류가 되지 못했다. 고립이 지속되자 그는 조절인자를 유전, 발생, 진화를 통합하는 생명 현상의 보편원리로 확장하려 했지만, 실험적 근거가 결여되어 있었다. 옥수수 유전학은 1940년대를 기점으로 화려한 시기를 뒤로한 채 퇴행한다. 조지 비들George Wells Beadle이 붉은 빵곰팡이로 이동한 시기도 바로 매클린톡이 옥수수 조절유전자에 집착하던 이 시기와 겹친다.

과학을 과거 시점에서 바라보기

매클린톡은 옥수수 유전학이 농업시험소에서 대학으로 옮겨가던 시기에 유전학자로 입문했다. 그리고 그만의 실험 기법과 치밀한 관찰을 통해 염색체의 행동을 관찰하고 훗날 전이인자로 불린 현상을 발견하기에 이른다. 하지만 20세기 중반의 생물학은 유전자의 실체를 밝히는 연구를 향해 달려가던 젊은 생물학자들과 물리학에서 생물학으로 건너온 야심 찬 천재들의 시기였다. 그런 분위기 속에서 분자생물학이 탄생했고, 우리가 아는 생물학의 역사가 전개되었다. 매클린톡은 훗날 자신이 그런 주류의 생물학에서 소외되어 있었다고 고백했고, 에벌린 폭스 켈러Evelyn Fox Keller처럼 과학과 젠더 문제에 관심이 있던 과학사가에게 재발견된다.

백인 남성으로 가득했던 당시 분자생물학계에서 소외된 여성 유전학자였지만, 훗날 노벨상을 수상하는 드라마 같은 인생의 여정 덕분에 매클린톡의 이야기는 생물학사에서도 가장 신화화되어 있다.[5] 그리고 이런 글의 대부분은 켈러의 책에 기대고 있다. 켈러는 주로 매클린톡과의 인터뷰를 통해 쓴《생명의 느낌A Feeling for the Organism》을 통해 단지 매클린톡의 일대기를 보여주는 것을 넘어 분자생물학이라는 학문 전체를 환원주의적 과학이라고 규정해 공격한다. 켈러의 관점에서 분자생물학은 이성적-조작주의적-환원주의적 과학이고, 매클린톡의 과학은 직관적-자연주의적-전일주의적 과학이 된다. 켈러는 이런 차이가 매클린톡이 고립된 이유였다고 주장한다. 하지만 위에서 살펴보았듯이 과학의 역사는 그런 과학적 스타일의 차이보다 당시 과학자들이 연구하던 주제와 방법론의 맥락과 더불어, 매클린톡이 스스로의 발견을 지나치게 일반화시키는 바람에 고립을 자초한 측면이 있음을 이야기하고 있다. 매클린톡의 고립은 단순히 그녀의 신비한 특징 때문이 아니라, 과학이라는 체계가 움직이는 방식과 과학자 개인의 관심사가 보여주는 복잡한 상호작용의 한 사례로 받아들이는 것이 더 타당하다.

관우가 죽어서 신이 된 것은 우연이 아니다. 인간이 사회를 이루고 살기 시작한 이후 사회를 유지시키는 하나의 방식으로 영웅을 만들고, 그 영웅을 신격화시키는 작업은 지속되어왔다. 문명이 근대화된 후에도 이런 작업은 종교와 정치를 넘어 이젠 기업인과 스포츠 선수를 통해서도 드러나는 보편적인 문화현상이다. 그러니 과학사가와 과학자 집단이 과학자를 영웅으로 포장해 상품화시키고 추모해왔다는 게 보편적 사회현상에서 벗어난 일은 아니다. 굳이 과학자를 영웅화시키는 작업만 비판하는 사람은 과학자를 사회 속의 일반적인 민중에서 고립시켜, 이들에게만 혹독한 사회적 책임을 지우려는 정치적 의도를 가지고 있을지도 모른다. 가뜩이나 과학자의 발언을 '과학적'이라는 틀에 가두려는 못된 습성을 가진 향원鄕愿들이 판치는 세상에, 과학적 영웅 만들기 또한 이 사회에 독버섯처럼 퍼진 영웅 신화의 한 가지로 들여다볼 때 더 객관적이고 공정한 연구가 될 것이다.

과학자의 일생을 신화로 만드는 다양한 요인들이 존재하지만, 그중 가장 강력한 것이 이념이다. 냉전의 시대에 미국의 과학자는 영웅으로 포장되었고, 개발독재의 시대에 남한에서도, 북한에서도 과학자는 산업의 역군으로, 인민의 영웅으로 재탄생했다. 그리고 철학계에 유행하는 사조와 이념 또한, 과학자의 일생을 신화화한다.

바바라 매클린톡의 일생처럼 페미니즘의 영향이 짙게 드리운 이야기는 없다. 그 누구도 그의 일생을 정확히 재구성할 수 없다. 하지만 에벌린 폭스 켈러라는 페미니스트 과학철학자가 쓴《생명의 느낌》처럼 강력하게 매클린톡의 과학사적 위치를 왜곡한 책도 드물다. 그는 매클린톡의 논문과 연구자료가 아니라, 주로 인터뷰를 통해 분자생물학의 환원주의를 비판하고 주류 남성 과학을 공격하는 데 이 책을 사용했다. 이후 너새니얼 컴퍼트Nathaniel Comfort가 이 오류를 바로잡으려 나섰지만, 그 또한 과학 현장에서 왜 매클린톡의 옥수수 유전학이 고립되었는지는 제대로 설명하지 못했다. 젊은 과학사가들이 컴퍼트의 책을 비판했지만, 울림은 작았다. 한번 왜곡된 역사의 이미지를 되돌리는 것은 어렵다. 과학의 역사를 당대의 시각에서 과학자가 되어 바라보기 위해서는, 역사가의 능력만으로는 부족하다. 그는 역사가인 동시에 과학자여야 한다. 매클린톡의 신화는 과학사의 이야기를 현대의 우리가 바라볼 때 주의할 교훈을 남긴다. 과학사는 당대 과학자의 관점에서 접근할 때, 그 솔직한 이야기를 드러낸다.[6]

11

군소—민달팽이와 프로이트의 꿈

Aplysia californica

"물리학자들과 화학자들은 생물학이 지나치게 서술적이고, 이론이 결여되어 있으며, 물리학에서와 같은 일관성이 없다는 이유로 자신들의 학문과 생물학을 구별하려 했었다. 하지만 이제 그렇게 말할 수 없는 처지가 되었다. 20세기로 접어들면서 생물학은 분자생물학의 성과로 인해 매우 일관성 있는 분과학문으로 정립되었으며, 20세기 후반에는 이러한 성과들이 심리학과 연결되면서 신경과학이라는 새로운 분과학문을 성립시켰다. 신경과학이 행동과학과 생물학의 영역에서 발견된 사실들에 답하기 위해서는, 새로운 분자적/세포적 접근법을 개발하고 이를 심리학과 연결시키는 노력을 경주해야만 할 것이다. 이런 방식으로 우리는 어떻게 분자 수준의 사건이 신경회로를 거쳐 정신 현상으로 나타나는지 이해할 수 있게 될 것이다. 의식에 대한 연구도 예외는 아니다."[1]

에릭 캔들 Eric R. Kandel

인간의 정신이란 너무나 고귀하고 복잡해서 생물학자의 손으로는 절대 해부할 수 없다는 주장이 있다. 우울증을 비롯한 많은 정신질환 치료제들이 생물학자들에 의해 연구되고 개발되었지만, 여전히 많은 학자들은 생물학이 인간 정신의 복잡함과 고귀함에는 결코 이를 수 없을 것이라 확신한다. 진화론을 신뢰하고 지구라는 생태계 속에서 인간이 자행해온 잔인무도함에 지쳐 인간도 자연의 일부일 뿐이라는 사상적 결론에 이른 학자들조차, 인간의 정신에 대한 화두에 이르러서는 한발 물러서 그 신성불가침의 영역에 대한 생물학의 무모한 도전에 혐오를 감추지 않는다.

정신을 신성불가침의 영역으로 여기는 이들에게 다행스러운 것은 생물학자들이 인간을 연구하지 않는다는 사실이다. 생물학자들은 주로 인간을 제외한 모델생물을 연구하며 이러한 연구로부터 얻은 결론을 인간에 조심스럽게 유추할 뿐이다. 의식과 무의식, 인간의 자유의지, 습관과 성격, 사회성, 공격성과 같이 심리학에서나 다룰 법한 주제를 생물학자들도 연구하고 있다. 다만 고귀한 인간 정신을 다루는 심리학자들의 이야기에 그다지 불편한 심기를 드러내지 않는 어떤 학자들을 위해 초파리, 꿀벌, 생쥐 그리고 군소라 불리는 바다 민달팽이와 같은 모델생물을 연구하고 있을 뿐이다. 심리학의 인간은 당연한 것이지만, 생물학의 인간은 여전히 누군가에겐 매우 불편한 주제가 된다.

군소를 이용한 고전적 조건화의 성공

군소*Aplysia californica*는 20세기 중반에 생물학자들을 찾아왔다. 얕은 바다에 사는 군소는 우리나라의 남해안, 동해안, 제주도 등지에서도 쉽게 찾아볼 수 있는데 크기는 약 10cm 내외로 껍질이 없는 달팽이처럼 생겼다. 인간과 전혀 닮지 않은 이 연체동물이 기억과 학습, 신경가소성 연구에 획기적인 전환을 가져왔다는 사실은 잘 알려져 있지 않다. 인간의 무의식, 리비도libido, 오이디푸스 콤플렉스와 같은 프로이트의 이론을 한 번쯤 들어본 사람들조차 비엔나 출신의 한 과학자가 이 작은 연체동물을 이용해 프로이트가 꿈꾸던 많은 것들을 분자 수준에서 규명했고, 또 규명하고 있다는 사실은 잘 알지 못한다.

에릭 캔들은 1929년 오스트리아에서 태어났다. 오스트리아에 사는 유대인들에 대한 박해가 심해지던 1939년, 캔들의 아버지와 어머니는 어린 캔들과 함께 미국으로 이주한다. 미국에서 캔들은 뉴욕주립대 의대를 거쳐 하버드에서 정신과 전문의로 수련받는다. 하지만 캔들은 평생 의사가 아닌 과학자로 살았다. 스스로의 작업을 과학이라 생각했던 프로이트처럼 캔들도 인간의 정신이 어떻게 생성되는가에 대한 과학을 연구하고 싶어했다. 어린 시절의 캔들은 프로이트에 한껏 매료된 젊은이였다.

정신분석학자가 되고 싶어하던 캔들은 전공을 역사에서 의학으로 바꾸고, 당시의 정신과 의사들이 그랬던 것처럼 신경해부학과 정신질환들을 연구했다. 캔들의 꿈은 매우 야심찼는데 그는 프로이트가 구분한 이드id(욕구), 에고ego(자아), 슈퍼에고superego(초자아)가 두뇌 어느 곳에 위치하는지 파악하고자 했다. 프로이트의 정신분석학을 신경해부학 수준에서 연구하고자 했던 젊은 캔들은 여러 조언자들을 찾아 나섰고, 운 좋게도 콜롬비아 대학의 해리 그런드페스트Harry Grundfest를 만나게 된다. 그런드페스트는 프로이트에 열광하던 캔들에게 이렇게 조언한다. "정말로 두뇌를 이해하고 싶다면, 환원주의적 접근법을 사용해야 한다. 한 번에 하나의 세포를!"

스승의 조언을 따라 신경세포 수준에서 일어나는 전기화학작용을 연구하던 캔들은 조금 더 단순한 모델로 정신을 분석하고자 했고, 마침내 군소라는 연체동물을 찾아낸다. 군소가 매력적인 이유는 다른 어떤 동물보다 커다란 신경세포를 가지고 있기 때문이다. 캔들이 선택했던 군소의 R2 뉴런은 크기가 약 1cm로 현미경 없이도 관찰이 가능하고, 미세전극을 이용한 뉴런의 전기활성을 연구하기도 쉽다. 가장 단순한 시스템으로 신경계를 연구하려던 캔들에게 군소는 더할 나위 없이 완벽한 모델생물이었다.

군소의 호흡관과 아가미는 연체동물에서 흔히 보이는 수축반사 행동을 보이는데, 캔들은 이 행동을 조절하는 신경회로를 면밀하게 추적해나갔다. 그 결과, 아가미 수축에 관여하는 약 24개의 감각뉴런과 6개의 운동뉴런을 확인할 수 있었고, 아가미의 수축을 직경과 수축 지속시간이라는 지표로 정량화하는 데도 성공한다. 이렇게 행동을 수치화한 캔들과 연구진은 군소의 아가미 수축이라는 단순한 시스템을 이용해 학습과 기억에 대한 연구를 시작한다. 파블로프가 개를 이용해 고전적 조건화에 성공했듯이, 캔들도 군소를 이용해 고전적 조건화에 성공한다. 이 어처구니 없는 연체생물도 두 종류의 자극을 연결시켜 기억할 수 있었던 것이다. 게다가 파블로프에게는 불가능했던 세포수준, 나아가 분자수준의 연구가 캔들에게는 가능했다. '파블로프의 개'는 '캔들의 군소'로 업그레이드되었다.

기억의 연구를 분자수준으로

일단 모델생물과 모델시스템이 갖추어지자 캔들은 더욱 깊은 곳으로 파고들었다. 19세기의 골상학자들은 정신의 기능을 두뇌의 영역에 위치시키려고 노력했다. 폴 브로카와 베르니케 같은 학자들은 골상학자들의 이러한 희망을 언어 반구에 대한 연구를 통해 실현시켰고, 정신에 대한 신경학적 탐구가 헛된 꿈이 아님을 확인시켜준다. 20세기로 넘어와서도 이러한 환원주의적 접근은 지속되었는데, 이제 많은 과학자들은 기억이 어디에 저장되는지에 관심을 갖게 되었다. 기억에 대한 연구는 단기기억과 장기기억처럼 기억의 다양성에 주목하게 만들었고, 20세기 초에는 기억에 관한 다양한 이론이 난무하고 있었다.

기억이 두뇌의 특별한 영역에 저장된다는 이론부터, 기억은 분자에 저장된다는 이론에 이르기까지 기억에 대한 이론적 토대들은 백가쟁명의 시대를 달리고 있었고, 심리학자 도널드 헤브Donald Hebb의 '세포어셈블리 가설cell assembly hypothesis'도 이들 중 하나였다. 헤브에 따르면 외부에서 주어지는 환경정보가 신경계의 적절한 회로에서 표상되어 처리되는 학습과정을 거치게 되고, 이러한 과정이 반복되면 담당회로를 구성하는 시냅스가 활성화된다. 이렇게 학습을 시냅스의 활성화로 설명하면, 학습이 일어난 환경정보에 해당하는 신경회로는 이후 더욱 쉽게 해당정보를 처리할 수 있을 것이라는 결론에 이르게 된다. 즉, 학습에 의한 기억은 신경세포간의 회로망, 시냅스에 저장된다는 것이 헤브 이론의 핵심이다.

캔들과 그의 동료들은 군소를 이용해 헤브의 이론을 증명하는 데 성공했다. 나아가 신경학적인 수준을 넘어 세로토닌과 그 수용체, 그리고 당시의 분자생물학적 지식을 활용한 연구를 통해 기억의 연구를 분자수준으로 설명하기에 이른다. 그런드페스트가 캔들에게 조언했던 그 한마디가 프로이트에 열광하던 한 젊은 정신과 전문의를 분자신경생물학의 창시자로 만든 셈이다.

캔들과 군소의 조우, 정신분석에 열광했던 이 과학자의 삶은 여러 학문의 경계 속에서 이룩되었다. 그는 프로이트가 아무런 경험적 근거 없이 마련해놓은 이론에 열광했었지만, 곧 이러한 이론이 과학적 실험과 근거에 기반하지 않는 한, 정교한 헛소리에 불과하다는 것을 깨달았다. 캔들이 회고하듯이, 20세기 중반의 미국 지식인들은 대부분 프로이트에 열광했었다. 그것이 현실이 아니라 희망에 불과하다는 사실은 뒤늦게 알려졌지만, 캔들의 경우 프로이트에 대한 열광은 연구와 실험에 대한 열정과 함께 사그라들었다. 캔들의 말처럼 정신분석의 문제는 프로이트의 이론적 체계가 가진 문제에 있는 것이 아니라, 그 이론이 적절하게 시험되고 검증될 수 없다는 데에 있다. 검증될 수 없는 관념의 체계에 과학이라는 이름의 옷을 입히는 것은 타락이다. 사상은 사상으로 남아 있을 때 더욱 아름답다.

근대과학은 수학적 사고를 바탕으로 하던 이론과학의 체계와 경험적 사고를 중시하던 실험과학의 체계가 조우했을 때 탄생했다. 생물학은 인간의 정신세계를 탐구할 수 없다는 철학자들의 자존심 섞인 조언도, 묵묵히 군소를 연구하던 한 생물학자의 노력으로 무너져가고 있다. 하찮게만 여겨지던 민달팽이가 프로이트의 꿈을 이루어줄지도 모른다.

12

개—실험생리학의 주인공

Canis lupus familiaris

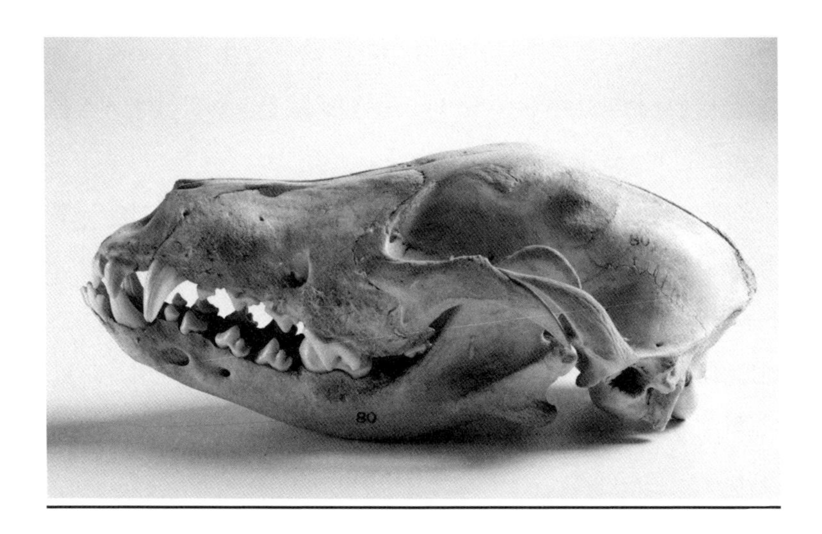

“개들이 많은 측면에서 인간처럼 예민하다는 점을 기억할 필요가 있다. 위생적인 사육상태, 적당한 먹이, 신선한 공기와 충분한 운동을 제공하지 않고는 개를 이용해서 장기간의 생리학 실험을 수행할 수 없다. 개들을 몸도 돌릴 수 없을 만큼 좁은 우리에 가둬두고, 매일매일 같은 음식을 먹이면 영양상태가 나빠진다는 것은 분명해 보인다.”

러셀 키텐든 Russell Chittenden

브리지트 바르도라는 프랑스 여배우가 개고기를 먹는 한국인들을 야만인이라고 비하하며 월드컵을 보이콧하겠다고 으름장을 놓은 일이 있었다. 한국사회에서 꽤나 논쟁이 되었던 이 사건에서 당시 인터뷰를 했던 손석희 아나운서는 한국에 온 프랑스인 중에도 개고기를 먹는 분들이 있다고 전했고, 브리지트 바르도는 그럴 리 없다며 일방적으로 전화를 끊어버린다. 개를 사랑한다는 아름다운 여배우가 실은 인종차별주의자였음이 밝혀진 씁쓸한 기억이다.

프랑스인들이 개고기를 먹지 않는 고귀한 사람들일지는 몰라도, 18세기~20세기 초까지 실험을 위해 가장 많은 개를 죽인 나라는 프랑스였다. 역사, 특히 과학사에 관심조차 없을 브리지트 바르도는 몰랐겠지만, 19세기 실험생리학의 발전사는 프랑스산 개들의 지대한 공헌에 의해 이루어졌기 때문이다.

수많은 개의 희생으로 만들어진 과학사

과학사에서 개가 등장한 건 18세기의 일이다. 물론 17세기 윌리엄 하비와 같은 외과 의사들이 개를 해부해서 심장의 기능을 알아내기도 했지만, 개가 본격적으로 모델생물로 사용된 것은 18세기, 화학자들이 기체분석으로 호흡을 연구하면서부터였다. 프랑스의 화학자 라부아지에는 산소가 동물 호흡에 필수적인 기체임을 밝히기 위해 많은 동물을 열량계에 가두고 산소를 고갈시키는 실험을 수행했는데, 쥐나 앵무새뿐 아니라 개를 자주 사용했다고 전해진다.

하지만 개를 이용한 과학적 발견으로 가장 많이 회자되는 것은 파블로프의 고전적 조건반사 실험일 것이다. 개에게 종소리와 함께 먹이를 준다. 이 훈련을 반복하면 개는 종소리만 들어도 침을 흘리게 된다. 러시아 최초로 노벨상을 수상한 과학자 파블로프는 과학사에 이렇게 기록되어 있다. 하지만 파블로프가 노벨상을 수상한 것은 조건반사와는 아무런 관계가 없다. 파블로프는 소화액 분비에 관한 연구로 노벨상을 받았다. 그를 유명하게 만든 조건반사에 관한 연구는 노벨상 수상 이후 진행된 것이다.

파블로프의 소화액 연구는 지금 생각해도 잔인하다. 파블로프가 관심을 가지고 있던 주제는 생리화학의 전통 속에 놓여 있었다. 18세기의 화학자들이 기체분석을 통해 호흡이라는 생리학적 현상을 탐구했다면, 파블로프는 호흡 이외의 주제였던 영양과 소화라는 주제에 관심이 많았다. 음식물은 어떻게 소화되며, 이를 어떻게 과학적으로 분석할 수 있을 것인가의 문제는 파블로프가 처음으로 천착한 문제였다. 그는 식욕이 위액의 분비를 자극하는 것인지, 아니면 음식물이 위에 도달해야만 위액이 분비되는 것인지를 알아내기 위해 개의 위와 식도를 분리하는 수술법을 고안했다. 수백 번의 시행착오를 거쳐 정교한 수술법을 개발한 파블로프는 음식물이 위에 도달하지 않아도 위액이 분비된다는 결론에 이르게 되고, 이 공로로 노벨상을 수상한다. 이 단순한 사실을 알아내기 위해 수백 마리에 이르는 개들이 희생되었다.[1]

인위선택으로 다양한 품종의 '개' 개량

호흡과 영양이라는 두 주제는 생리학이 과학으로 자리잡는 과정에서 과학자들을 사로잡은 화두였다. 그리고 생리화학과 생리학이 근대적 의미의 과학으로 정착하는 데 기여한 기라성 같은 과학자들은 대부분 프랑스인이었다. 화학자로만 알려진 라부아지에, 해부학자이자 생리학의 초석을 다진 프랑수아 마장디F. Magendie, 마장디의 제자이자 실험생리학을 과학으로 정착시킨 클로드 베르나르가 모두 프랑스인이다. 특히 생리학도 과학이 될 수 있다는 이미지를 각인시키는 데 가장 크게 공헌한 인물이 찰스 다윈과 동시대의 인물이자 루이 파스퇴르의 친구였던 클로드 베르나르다. 파블로프의 연구도 바로 이 베르나르의 연구 전통 속에서 피어난 것이다.

1818년 프랑스에서 태어난 클로드 베르나르는 극작가를 꿈꾸던 젊은이였지만 의학도가 되었다. 당시 실증주의가 휩쓸던 프랑스에서 베르나르도 이러한 사상적 조류에 영향을 받았고, 의학에 실증주의를 도입하며 명성을 얻고 있던 마장디의 조수가 된다. 당시까지만 해도 생기론자들이 생물학계를 지배하고 있었지만, 베르나르는 기계론적 관점과 귀납적 방법론을 통해야만 생리학이 과학이 될 수 있다고 생각했다. 그는 소화액의 기능과 독성물질이 소화에 미치는 영향 등을 연구하는 한편, 《실험의학방법론Introduction á l'étude de la médecine expérimentale》이라는 저서를 통해 근대 실험의학이 과학이 되기 위해 필요한 조건들을 역설했다. "우리들의 유일한 목적은 실험적 방법의 명백한 원리를 의학 속에 침투시키려는 데 있다." 베르나르가 이룩한 업적 중 하나는 근대 의학실험실, 즉 현재의 생물학, 기초의학 실험실의 원형을 구축했다는 데 있다. 베르나르 이후 생리학 실험실이 전 세계에 확산된다. 그리고 이렇게 퍼진 수많은 실험실에서 많은 개들이 해부되었고, 희생되었다.

현재까지 알려진 개의 품종은 400가지가 넘으며, 이 모든 품종이 인간의 인위선택에 의해 탄생했다. 다윈의 《종의 기원》에서 자연선택의 중요한 증거로 거론되었던 것이 개라는 품종의 다양성이었음은 두 말할 나위도 없다. 진돗개도 치와와도 몰티즈도 모두 늑대라는 공통조상을 지닌다. 그리고 이 공통조상에서 지금과 같이 다양한 품종의 개들이 지구상에 등장하는 데 걸린 시간은 15,000여 년에 불과하다. 인간은 다양한 목적을 위한 개의 품종개량을 위해 노력해왔다. 1세기의 로마인 루키우스 콜루멜라Lucius Columella는 이미 개와 늑대가 완전히 다른 모양이 되었음을 지적하며 다음과 같이 말했다.

"농장을 지키는 개는 침입자를 두렵게 하기 위하여 크고 당당한 소리로 짖을 수 있는 충분한 능력이 있어야 한다. 침입자가 발자국 소리를 듣거나 그를 보면 공포를 느껴야 하며, 때로는 보이지 않더라도 단지 으르렁대는 소리만 듣고도 공포를 느끼고 도망갈 수 있어야 한다. 흰색은 양을 지키는 개로, 검은색은 농장의 개로 선택되는데, 얼룩덜룩한 색깔을 띤 개는 이 둘 중 어느 목적에도 추천될 수 없다."

개의 많은 형질들이 인위적으로 선택되었지만, 인류가 가장 중점을 두었던 형질은 '순종적'인가의 여부였다. 사회적 동물인 늑대 무리엔 계급이 존재하고 약한 쪽이 강한 쪽에게 복종하는 성향이 강하기 때문에, 지금처럼 주인에게 복종하는 개를 만들기 위한 노력은 그리 어렵지 않았을 것이다. 개는 인간의 가장 좋은 친구라고 하지만, 어쩌면 인간은 가장 좋은 친구를 만들기 위해 자신에겐 허락하지 않는 우생학을 남용한 것이 아닐까?

인간의 가장 좋은 친구인 이유

식품영양학의 역사는 생리화학과 실험생리학의 역사이기도 하다. 영양이라는 주제에 천착하며 소화 과정을 연구하던 일군의 과학자들에 의해 오늘날의 식품영양학이 탄생했기 때문이다. 식품영양학의 여러 개념들, 예를 들어 칼로리, 필수 단백질, 필수 아미노산 등이 성립되는 과정엔 인간의 가장 친한 친구인 수많은 개들의 희생이 숨어 있다.

개들이 영양학의 발전에 공헌한 바를 논문으로 남긴 버클리 대학의 과학자 케네스 카펜터Kenneth J. Carpenter는 논문의 결론을 이렇게 마무리했다. 개들이 인간의 친구인 진정한 이유일지도 모르겠다.

> "개들은 영양학이 실험과학이 되는 데 지대한 공헌을 했다. 그들은 지금은 당연시되는 주제들의 기초를 정립하도록 도움을 주었다. 펠라그라병(옥수수를 주식으로 하는 미국 남부에서 자주 발생하던 질병으로 육류에 풍부한 나이아신의 결핍으로 생기며 비타민의 발견을 이끌었다)의 발생원인과 그 예방을 위해 필수 비타민이 필요하다는 발견을 위해서는 개에 대한 연구가 필수적이었다. 구루병처럼 좀 더 복잡한 질병의 경우에도 질병의 원인과 치료법을 개발하기 위해 수많은 개들이 사용되었고, 그들의 희생이 구루병의 치료에 결정적인 기회를 제공했다."

13

닭—발생학의 화려한 부흥

Gallus gallus domesticus

"모두가 수컷이 모든 종과 형질을 통틀어 세대를 결정하는 주요 원인이라고 인정하고, 나아가 성교를 통해 분출된 수컷의 물질이 난자를 존재하게 하고 수태하는 결정적 역할을 한다고 단언하는 듯하다. 하지만 수탉의 정액이 어떻게 계란으로부터 닭을 만들 수 있는지 아리스토텔레스 이후 그 어떤 철학자와 외과의사들도 이를 제대로 설명한 적이 없었다."[1]

윌리엄 하비

치맥의 통계학

전 세계적으로 매년 약 7천4백만 톤의 닭과 약 6천만 톤의 계란이 생산되며 이렇게 생산된 닭의 약 41%가 중국에서, 22%가 미국에서 소비된다. 한국인의 평균 닭고기 소비량은 하루 29.3g으로 쇠고기 소비량보다 많고, 매년 약 5~6억 마리의 닭이 사육되고 있다. 치맥(치킨+맥주)은 우리나라 서민들의 주요한 술자리 메뉴 중 하나이다. 2011년 공정거래위원회의 발표에 따르면 치킨 프랜차이즈 매장의 시장 규모는 약 5조 원이고 약 4만여 개 이상의 치킨 전문점이 운영되고 있는바, 인구 천 명당 약 한 개의 치킨 전문점이 존재하는 셈이다. 따라서 한국사회에서 닭이라는 동물의 소비 방식이 음식 그 이상도 이하도 아니라는 점은 이상할 것도 없다.

가축화된 닭의 조상은 약 5,000년 전 동남아시아의 들닭이었던 적색야계Red Jungle Fowl이고 우리나라에는 중국을 거쳐 들어온 것으로 추정된다. 인류의 아프리카 단일기원설을 두고 논쟁이 있듯이 닭의 원종 문제를 두고도 적색야계 단원설과 녹색야계, 회색야계, 실론야계 등도 관여했다는 다원설이 맞서고 있다. 인류의 아프리카 기원설이 분자생물학의 등장과 함께 미토콘드리아 DNA 분석으로 강력하게 지원되었듯이 닭의 단원설도 이 분석으로 약 8,000년 전의 현재 베트남과 태국 지역의 적색야계가 가축화된 닭의 공통조상이었을 것으로 추정되고 있다. 닭이 가축화된 연유에 대해서는 여러가지 설이 분분한데, 닭고기를 위해 가축화가 되었다는 경제적 요인설부터 오락과 종교적 목적으로 가축화되었다가 뒤에 경제가축이 되었다는 설까지 다양하다.

라우스 연구 발견의 중심

과학의 역사에서 닭이 가장 먼저 등장하는 문헌은 아리스토텔레스의 《동물학》이며, 이곳에 아리스토텔레스는 닭의 배아를 관찰한 결과를 기술했다. 17세기의 의사 하비는 혈액순환을 증명하기 위해 닭을 사용했고, 19세기 파스퇴르는 미생물의 감염을 증명하기 위해 닭을 사용했다. 생물학의 역사에서 닭이 처음으로 유명세를 치른 것은 1868년 출판된 찰스 다윈의 《가축 및 재배식물의 변이The Variation of Animals and Plants under Domestication》라는 책에서 닭의 육종 과정에서의 인위선택과 자연선택이 비교되면서부터였을 것이다. 닭은 근대적인 유전학의 시작과도 밀접한 연관을 맺고 있는데, 베이트슨을 비롯한 초기의 유전학자들이 상동유전자allele, 유전적 연관genetic linkage등의 용어를 만드는 데 닭의 깃털 색깔과 같은 형질들이 많은 도움을 주었기 때문이다.

분자생물학의 탄생에서 종양유전자의 발견은 이 학문이 발전하고 유지되는 데 매우 중요한 사건이었는데, 이러한 과정에 결정적인 기여를 한 발견이 1911년 페이턴 라우스Peyton Rous에 의해 이루어졌다. 록펠러연구소에서 근무하던 라우스는 닭의 종양이 세포 추출물에 의해 다른 닭으로 감염될 수 있고, 이식된 닭에서도 종양이 나타난다는 사실을 발견하고 이 물질을 바이러스라고 명명했다. 하지만 당시 라우스의 발견은 동시대의 과학자들에게 받아들여지지 않았는데, 이는 닭이 인간의 종양을 연구하기엔 너무나 동떨어진 종이라는 이유 때문이었다. 결국 라우스는 이 중요한 발견을 했음에도 라우스 종양에 관한 연구를 그만두게 된다. 하지만 라우스의 연구는 1960년대 암 유전자의 발견이 이루어지면서 재조명을 받게 되고, 이 기여로 그는 55년이 지난 1966년에 노벨상을 수상하게 된다. 라우스 육종의 발견은 암 연구를 이끌었을 뿐 아니라, 역전사 유전자의 발견, 종양유발 바이러스의 발견들을 이끈 중요한 시작이었다. 그 중심에 닭이 있었다.

닭이 종양과 바이러스 연구에만 중요한 모델생물이었던 것은 아니다. 당장 아무 발생학 교과서를 펼쳐보아도 발생학의 많은 발견들이 닭 배아를 통해 이루어졌음을 알 수 있다. 발생학에는 선충, 성게알, 초파리, 개구리, 물고기, 쥐 등의 많은 모델생물이 등장하지만 이들 중 닭이 가장 먼저 사용된 것으로 알려져 있다. 전성설과 후성설의 가장 유명한 논쟁에서 닭 배아의 발생과정은 가장 중요한 증거로 활용되었고, 19세기 현미경의 발달과 더불어 유도induction라는 중요한 개념의 등장에도 닭 배아가 기여했다. 1930년대에 혜성처럼 등장한 과학자 웨딩턴C. H. Waddington은 닭 배아로 좌우대칭의 발생, 세포배들 간의 상호작용, 발생과정 중의 세포이동 등을 연구하며 발생학의 화려한 부흥을 이끌었다. 하지만 닭 배아 발생학은 현미경 관찰과 외과적 수술에만 의존하여 1940~70년대에 잠시 주춤하다가, 20세기 중반의 유전공학적 도구들을 받아들이며 다시금 부흥하기 시작한다. 외부 유전자의 도입과 유전자 조작 등의 새로운 도구들은 닭 배아를 이용한 발생학 연구를 다시금 일으켜 세웠다. 하지만 유전학 연구에 그다지 적합한 모델생물이 아니라는 이유로 닭은 유전체계획에서 뒤로 밀리는 수모를 겪기도 한다.

닭과 백신

한국에서만 매년 5억 마리 이상의 닭이 도축되고 있고 동물권 옹호자들은 현재와 같은 양계장 시스템의 사육을 반대할지도 모르지만, 한 가지 이유 때문이라도 대량의 닭 사육은 반드시 필요하다. 최근 들어 세계 보건 단체들이 가장 위험한 전염병으로 분류하는 조류독감의 백신을 만들려면, 수십억 개의 계란이 필요하기 때문이다. 조류독감을 유발하는 바이러스에 대한 백신을 만드려면 대량으로 해당 바이러스를 생산할 수 있는 숙주가 필요한데 현재까지는 계란보다 좋은 것이 없다. 계란을 이용해 조류독감 생백신을 만드는 방법은 1940년대 처음으로 개발되었고, 이 방법은 여전히 사용되고 있다. 매년 외피 단백질의 유전형이 바뀌는 조류독감의 특성상 최초의 조류독감 바이러스가 검출되자마자 대단위 생산체계를 확보하는 일이 필수적인데, 미국은 이를 위해 약 1억 개의 계란을 생산할 수 있는 시스템을 구축해놓았다고 한다. 물론 백신 생산을 위해 50년도 넘은 이 방법을 계속 고수할 것인지를 두고 논쟁이 계속되고 있지만, 계란을 이용한 생백신 생산을 대체할 효율적인 시스템은 아직 존재하지 않는다. 새로운 생산체계가 갖추어지기 전까지 닭이 인류를 위협하는 가장 위험한 전염병으로부터 우리를 지켜주고 있는 셈이다.

이유는 알 수 없지만, 우리는 가끔 닭의 머리를 기준으로 상대방의 지능을 감별하려는 시도를 한다. 닭의 지능이 인간보다 낮은 것은 사실이지만, 닭이 있었기에 인류의 건강과 지능이 증진될 수 있었다는 사실도 기억하는 것이 좋을 듯싶다. 닭을 모델생물로 네 번의 노벨생리의학상이 수여되었으며, 이 발견들은 면역학과 암 생물학의 가장 중요한 발견들을 포함한다. 종양을 일으키는 바이러스의 발견, 최초의 종양유발 유전자인 c-src의 발견, 역전사 바이러스의 발견, 지금은 일반인들에게도 친숙한 T-세포와 B-세포의 발견 뒤에는 인류를 위해 희생한 고귀한 닭들의 목숨이 놓여 있다.

모델생물의 운명은 역사적 맥락과 필요에 의해 언제나 뒤바뀌는바, 그 운명을 예측한다는 것은 어려운 일이다. 줄기세포 연구가 한창인 요즘, 닭은 다시금 주목받고 있으며 닭 유전체 해독도 완료되었다. 닭대가리라는 말처럼 닭은 부정적인 의미로 쓰이기도 하지만, 고대 중국에서는 닭이 '덕금德禽'이라 불리며 문무를 겸비한 용맹과 인자함, 그리고 신용의 상징이었다고 한다. 계명구도鷄鳴狗盜라는 말처럼 닭의 울음소리를 흉내내는 일도 쓸모가 있다고 하지 않던가. 다시금 생물학의 역사에 닭의 힘찬 날갯짓 소리가 들리길 기대해본다.

14

영장류 — 정의란 무엇인가

Homo Simians

"나로서도 인간Homo을 다른 영장류들Simians과 같은 위치에 놓는다는 것이 행복한 일은 아닙니다. 하지만 인간은 자신들의 기준에 너무나 친숙합니다. 단어를 가지고 애매하게 굴지 맙시다. 어떤 이름이 사용되건 나로서는 상관이 없습니다. 하지만 당신을 비롯한 많은 사람들이 박물학의 원리로부터 인간과 원숭이의 확연한 차이를 갈구하는 듯 합니다. 난 그런 차이를 알지 못합니다. 누가 나에게 하나만 말씀해주십시오. 내가 인간을 원숭이라 부른다거나 원숭이를 인간이라 부르려는 시도를 한다면, 아마도 모든 신학자들은 나를 적으로 삼으려 하겠지요. 그럼에도 불구하고 박물학의 법칙에 따라 아마 나는 그렇게 해야 할 지도 모르겠습니다."[1]

카를 폰 린네 Carl von Linné

1747년, 린네가 인간을 영장류로 포함시키고자 했을 때 그가 속해 있던 루터교의 사제는 린네를 불경죄로 고소했다고 한다. 20세기의 동이 트고 피그미침팬지 혹은 보노보라 불리는 종의 성행위 장면이 세상에 알려졌을 때도 마찬가지였다. 인간에게 유일하다고 알려진 배면 섹스를 하고 있는 보노보들의 사진에 세상은 경악했다. 이미 다윈의 시대에 인간도 다른 종들과 마찬가지로 진화의 산물에 불과하며, 구대

륙 원숭이들과 영장류들이 인류의 근연종이라는 사실이 사회에 알려지기 시작했지만, 여전히 많은 이들은 시조새를 교과서에서 추방하고 진화론을 아이들에게 가르치면 안 된다고 굳게 믿는다.

영장류학primatology의 역사는 인류학의 역사만큼 오래되었다. 근대과학이 등장하기 이전부터 서구의 박물학자들은 아프리카와 신대륙을 항해하며 다양한 수집품들을 유럽으로 들여왔고, 인간을 닮은 영장류의 존재는 대중의 이목을 끌었을 것이다. 인류학의 역사가 서구 제국주의의 역사와 맥을 같이하듯 영장류학도 19세기와 20세기에 걸친 비극의 현대사 속에서 승자가 된 국가들이 주도한 역사를 지니고 있다. 흥미로운 사실은 영장류학의 성립에는 일본이라는 동아시아 제국주의의 승자가 등장한다는 점이다.

일본 영장류학의 기원

2차세계대전 직후인 1948년, 이마니시 긴지Imanishi Kinji는 그의 제자들과 함께 고지마 섬으로 건너가 일본원숭이 연구에 착수한다. 고지마 섬의 고산지대에 서식하는 원숭이들의 존재는 일본인들에게 수천 년간 알려져왔지만, 1948년에 이르러 긴지가 이들에 대한 최초의 과학적 연구를 시작한 셈이다. 1902년 태어난 긴지는 부유한 집안에서 일본의 근대화와 민주화를 겪으며 성장했다. 그는 곤충학자로 과학자의 경력을 시작했지만 몽골, 북한, 아프리카, 미국 등지를 돌며 전문 산악인으로도 활동했던 다재다능한 인물이었다. 몽골에서는 야생마들의 군집을 연구했고, 몽고인들의 사회를 연구하기도 했다. 일본으로 돌아와 일본 야생마들의 사회를 연구하던 긴지가 처음으로 일본원숭이 떼와 마주친 것이 1948년이었고, 그는 그 즉시 연구 주제를 원숭이로 전환한다. 그리고 1948년부터 지금까지 일본은 긴지의 전통을 따라 영장류 연구에서 선두를 달리고 있다.

과학자로서 긴지가 평생의 숙원으로 삼았던 질문은 한 가지였다. "인간사회, 그것은 어떻게 시작되었는가?" 곤충학자로 살았던 시기에도, 몽골에서 야생마를 연구할 때에도, 일본원숭이를 연구할 때에도, 긴지는 이 질문에 대한 답을 찾고 있었다. 아마 긴지의 연구 결과로 가장 널리 알려진 것은 고구마를 씻어 먹는 일본원숭이 집단에 관한 언론의 가십거리 보도일 것이다. 물론 일본원숭이가 고구마를 씻어 먹는 습관이 유전적인 것이 아니라 일종의 문화적 전파와 같은 속성을 지니고 있다는 점을 긴지 연구팀이 처음으로 밝힌 것은 사실이다. 하지만 현대 영장류학에서 사용되는 많은 연구 기법도 긴지에게 빚지고 있다는 사실은 잘 알려져 있지 않다.

야외에서 동물의 행동을 연구하는 학자가 각 개체를 구별하는 법을 익히고 장기간에 걸친 근접 연구를 수행하는 경우, 이미 그들은 긴지가 개발한 야외 연구 기법을 사용하고 있는 셈이다. 영장류 연구의 전통이 야외에서 시작된 일본과는 달리, 서양의 영장류학은 대부분 동물원에서 사육되던 개체들을 대상으로 시작되었기 때문이다. 유럽에 자연적으로 서식하는 원숭이들은 전혀 존재하지 않았으니 긴지와 그의 연구팀의 야외 연구 기법이 동양에서 서양으로 퍼져나갔다는 것은 우연이 아니다. 영장류학의 야외 연구 기법의 기준을 만든 것 이외에도, 긴지와 그의 연구팀이 영장류학에 기여한 바는 헤아릴 수 없이 많다.

야생원숭이 집단의 상당수가 모계사회를 이루며, 집단에서 떨어져 홀로 다니는 원숭이들은 모두 수컷이라는 사실, 수컷들은 대부분 성체가 되면 집단에서 떨어져 나와 다른 집단으로 이주한다는 사실 등이 긴지에 의해 처음으로 밝혀졌다. 야생원숭이 집단에 아주 체계적인 계급이 존재한다는 것도 긴지에 의해 처음으로 밝혀졌다. 마지막으로 앞에서 언급했듯이, 야생원숭이 집단에도 인간사회에나 존재할 법한 일종의 문화적 전승체계가 존재한다는 사실이 1953년 긴지 연구팀에 의해 처음으로 세상에 알려졌다.

영장류 연구로 국내에 가장 많이 알려진 학자는 아마도 제인 구달일 것이다. 우리나라에 수차례 방문한 그녀의 책은 베스트셀러가 되었고, 그녀가 움직일 때마다 수많은 언론의 스포트라이트가 함께했다. 하지만 구달이 탄자니아 곰베에서 처음으로 침팬지 집단의 연구를 시작한 1960년보다 2년 먼저, 이미 긴지가 아프리카에 도착해 침팬지 연구에 착수했다는 사실은 잘 알려져 있지 않다. 1960년대부터 곰베에서 지속된 구달의 연구는 책으로도 번역되어 널리 알려져 있지만, 비슷한 시기부터 현재까지 탄자니아 마할레 지역에서 침팬지 연구를 수행하고 있는 일본 영장류 연구팀에 대한 자료는 국내에 거의 알려져 있지 않다. 한국의 많은 학문적 성과가 서양, 특히 미국에 종속되어 있는 것이 사실이지만, 비슷한 시기 일본에서 뚜렷한 성과를 내고 있던 연구팀에 대한 편향적 관심은 이해하기 어렵다. 유명한 영장류 연구자 프란스 드 발Frans De Waal은 이를 당시 서구의 과학자들이 암묵적으로 공유하던 편견 때문이라고 말한다. 게다가 긴지는 사회를 개체의 집합으로 바라보는 다원주의에 반대했고, 사회는 하나의 유기체라는 확고한 신념을 지니고 있었다. 다윈주의가 생물학을 넘어 여러 학문의 기초가 되어가던 당시의 서구 학계에서 긴지의 이러한 관점은 이단으로 취급받았고, 그가 영장류학에 남겨놓은 수많은 업적은 오랫동안 객관적으로 평가받을 수 없었다. 드 발의 말처럼 '자연에 대한 연구는 모두가 같은 생각을 하는 사제 집단에 의해서는 수행될 수 없는' 것이다. 과학의 기저를 이루는 방법론적 도구들은 동서양의 차이가 존재할 수 없지만, 그 도구들을 과학으로 만드는 이론적 틀의 발명에는 해당 과학자가 속해 있는 문화의 영향력이 분명히 존재한다. 과학에 관심이 있는 사람들은 적어도 영장류 연구에 관해서라면, 일본의 전통을 먼저 공부할 필요가 있다. 그러한 공부가 과학을 뒤늦게 받아들인 한국의 문화적 맥락 속에서 수많은 교훈으로 되돌아올 것이기 때문이다.

정의란 무엇인가

현대의 영장류 연구는 크게 두 축으로 분류될 수 있다. 하나는 긴지와 구달, 드 발처럼 영장류의 행동으로 인류의 진화를 연구하는 학파이고, 다른 하나는 에이즈나 당뇨병처럼 인간에게 위협이 되는 질병의 모델로 영장류를 이용하는 학파다. 그 어느 쪽이건 영장류 연구는 한 국가의 과학 수준을 말해주는 지표가 된다. 국내엔 영장류의 행동을 연구하는 학자가 거의 전무하다.

《내 안의 유인원》, 《침팬지 폴리틱스》와 같은 책으로 국내에도 널리 알려진 영장류 연구자 드 발은 최근 카푸친capuchin원숭이 연구를 통해 이들에게도 '불평등' 혹은 '정의'에 대한 관념이 존재한다고 밝혔다. 같은 임무를 수행했던 두 마리의 원숭이에게 한쪽은 오이로, 한쪽은 포도로 보상을 해주면 오이를 보상받은 원숭이는 자신의 동료가 포도를 받은 것을 보고 더 이상 임무를 수행하려 들지 않는다. 게다가 옆의 동료가 더 쉬운 임무를 수행하고도 포도를 보상받는 것을 지속적으로 보게 되면, 원숭이는 받은 오이를 연구자에게 던져버리기까지 한다. 이는 사회를 이루고 살아가는 인류의 조상들에게도 '평등' 혹은 '정의'에 대한 관념이 유전적으로 새겨져 있었음을 의미하는 것인지 모른다. 이러한 형질은 외부의 적으로부터 사회와 개체를 보호하여 해당 집단의 생존율을 높여주었을 것이며, 해당 집단에 속한 개체의 유전자 보존과 전파에도 도움이 되었을 것이다.

마이클 샌델의 《정의란 무엇인가》는 난해한 책이다. 하지만 그 책이 한국에서 베스트셀러가 된 기저에는, 부자와 빈자의 경제적 불평등이 갈수록 심각해지는 한국사회의 현실이 자리하고 있을지 모른다. 기회는 평등하고, 과정은 공정하며, 결과는 정의로울 것이라는 문재인 대통령의 구호는 역설적으로 평등하고, 공정하며, 정의롭지 못했던 한국사회의 현실을 드러내는 것인지 모른다. 국민은 분노한다. 공평한 보상이 불가능한 사회에서, 국민의 유일한 대답은 오이를 집어던지는 원숭이의 분노와 같은 형태로 나타날 수 있다. 자기 친족의 이익을 위해 국민의 이익을 발로 차듯 내던져버리는 한국의 상류층에게 어느 누군가 던진 계란과 신발은, 어느 누군가가 조롱하듯 내건 풍자와 해학이 가득한 그림들은, 어느 누군가가 방송을 통해 쏟아내는 욕은, 수백만 년 동안 우리의 유전자 속에서 진화해온 본능의 표출일지도 모른다. 영장류 연구는 단순히 질병을 연구하고 인류의 건강을 증진시키는 것을 넘어 우리가 사는 사회가 어떻게 건강해질 수 있는지에 대한 해답을 보여주는 과학이다. 불평등이 지속되면 오이를 던진다. 드 발은 자신의 연구가 월가 시위대의 분노와 맞닿아 있는 것일지 모른다고 말했다. 공평함에 대한 관념은 우리가 동물원에서 그저 조롱하듯 바라보던 원숭이들의 유전자에도 새겨져 있다.

유전자변형 영장류의 시대

한국에선 원숭이가 동물원에나 가야 볼 수 있는 동물이지만, 중국과 일본에선 그렇지 않다. 중국인들이 좋아하는 고전소설 손오공이 원숭이인 이유는 실제로 중국의 곳곳에 야생원숭이들이 서식하고 있기 때문이다. 얼마 전 중국에서 무밍 푸Mu-ming Poo라는 유명한 신경과학자를 만났다. 그는 원래 미국 버클리 대학에서 생쥐의 신경회로와 행동을 연구하던 중국계 과학자였는데, 얼마 전 중국의 상하이로 연구실을 옮기고, 거기서 유전자가 제거된 원숭이로 신경생물학 연구를 시작했다. 중국은 이미 2015년부터 마카크Macaque 원숭이에서 유전자를 제거하는 실험을 시작했고, 무밍은 중국 뇌 프로젝트Chinese Brain Project[2]를 이끌면서 원숭이와 영장류에서 생쥐처럼 자유롭게 유전자를 제거하고 변형하는 연구를 진행하고 있다.[3] 바야흐로 유전자변형 영장류의 시대가 찾아온 것이다.

2018년 중국 남방과학기술대학교의 생물학자 허젠쿠이가 인간배아에서 에이즈 바이러스인 HIV가 세포에 침투할 때 필요한 유전자 CCR5를 제거한 쌍둥이를 탄생시켰다는 뉴스가 전 세계를 경악하게 만들었다.[4] 중국은 원래 미국이나 유럽처럼 동물실험과 줄기세포 연구의 윤리규정이 엄격하지 않다고 알고 있었는데, 유전자편집된 인간배아의 탄생에 중국정부도 놀란 모양이었다. 허젠쿠이는 잠시 실종되었다가 다시 나타났고 현재는 중국정부에 의해 구금된 상태다. 중국정부는 이 사건을 계기로 인간배아에 대한 통제되지 않은 유전자편집 실험을 중지하겠다고 발표했지만, 파장은 쉽게 가라앉지 않을 분위기다.

인간배아의 유전자편집에 대한 윤리적 논란을 이야기하기 전에, 도대체 왜 이런 사건이 벌어졌을지 과학계 내부의 시선으로 검토해볼 필요가 있다. 나는 이 사건이 그동안 의생명과학이 미친듯이 질주하여 달려온 목표를 적나라하게 드러낸다고 생각한다. 20세기 중반까지만 해도, 생물학자들은 연구할 생물을 고르기 위해 굳이 인간을 고려하지 않아도 됐다. 그들은 연구하고 싶은 생명 현상에 따라 자유롭게 모델생물을 골랐으며 그렇게 모델생물의 전성시대가 열렸다.

하지만 20세기 후반, 미국이 의생명과학 연구를 주도하면서부터 생물학의 모델생물을 고르는 기준은 '인간을 닮은'이라는 제1의 기준을 충족하지 못하면 안 되는 상황으로 변모했다. 인간을 닮은 생물의 기준은 주로 '척추를 가진'으로 인식되었고, 선충이나 초파리처럼 무척추동물은 연구비 심사에서 차선으로 밀리는 경우가 빈번하게 발생했다. 무척추동물 연구자들은 어떻게든 자신의 모델생물이 인간에 가깝다고 우기기 일쑤였고, 그렇게 만들기 위해 별별 수를 써서 인간의 질병을 구현해 연구비를 받아내려 했다. 그런 와중에 미국의 국립보건원은 생쥐 연구에 전체 생물학 연구비의 80%를 쏟아붓는 구조를 고착화시켰고, 기초 모델생물을 연구하던 생물학자들은 생쥐로 옮겨가거나, 비싼 연구를 포기하고 강의에 집중하거나, 혹은 아예 돈이 별로 들지 않는 연구 분야로 옮겨가곤 했다. 인간을 향해 질주하던 의생명과학 연구는 생쥐 독점시대를 열었고, 그 질주의 종착지가 결국 원숭이와 영장류를 거쳐 인간까지 이어질 것은 분명한 일이었다. 시간의 문제였을 뿐이다.

한국의 영장류 연구

최근 한국 곳곳에서 영장류센터를 만든다는 소문이 들린다. 국가영장류센터가 약 400여 마리의 원숭이와 영장류를 보유하고 있고, 현재는 약 3,000마리의 원숭이와 영장류가 확보되어 있다. 중국, 일본, 그리고 미국과 유럽에서도 영장류 연구가 유행하니 덜컥 영장류센터를 짓기는 했는데, 도대체 무슨 연구를 할 것인지에 대한 비전은 안 보인다. 원숭이와 영장류 연구로 뉴스에 나오는 연구들은 죄다 서양과 중국 그리고 일본에서 수행된 것들뿐인데, 한국 영장류 연구가 어떤 방향을 잡고 움직이고 있는지 모르겠다. 최재천 교수가 오래 전부터 영장류의 행동 및 인지 연구를 하려 했지만 많은 난관에 봉착했고, 한국의 연구비 사정이 과연 영장류센터를 유지할 정도의 인프라와 재정을 확보할 수 있을지도 미지수다. 특히 한국엔 원숭이와 영장류 연구를 위한 인적 자원이 거의 구비되어 있지 않은 상황이라, 제대로 된 정책이 체계적으로 수립되지 않는다면 아마도 국가영장류센터는 큰 부담으로 남게 될 것이다.[5]

한 국가가 지닌 과학적 힘이 반드시 돈과 직결되는 건 아니다. 한국에서 원숭이나 영장류를 연구하려는 연구자들은 중국, 일본 그리고 미국과 한국의 영장류 연구가 어떻게 달라야 하는지 고민하며 선진국을 추격하는 게 아니라, 선도할 수 있는 연구는 무엇인지 심각하게 고민해야 한다. 그 고민은 외국의 사례를 많이 들여다본다고 해서 알 수 있는 것이 아니라, 오히려 한국의 과학 연구 인프라를 면밀히 조사하고, 어떤 방식으로든 원숭이와 영장류 연구의 방향을 잡았을 때에야 알 수 있는 것이다. 특히 영장류 연구에서 한국은 선진국이 하고 있는 모든 분야를 절대 따라잡을 수 없기에, 신중한 정책적 결단이 필요하다. 영장류 연구에 들어가는 돈은 만만치 않다. 이미 중국이나 일본처럼 세계적인 연구 결과를 내고 있는 한국 연구진이 아니기에, 영장류 연구의 방향과 비전은 신중하게 선택해야 한다. 대통령이 바이오 분야에 대한 대대적인 투자를 약속한 이 시점에 아예 영장류 연구를 의학 연구의 하위 분야로 강하게 밀어붙이는 것도 나쁘지 않은 방법이라고 생각한다.[6]

마모셋, 생쥐를 대체할 사회적 원숭이

개미나 꿀벌로 유전학 연구를 해야 하는 이유는 초파리로는 개미와 꿀벌에만 존재하는 진사회성을 연구할 수 없기 때문이다. 그렇다면 인간에게서는 나타나지만, 생쥐로는 할 수 없는 행동연구는 뭐가 있을까? 그 답도 바로 복잡한 사회성에 관한 연구다. 생쥐는 원숭이나 영장류처럼 대규모의 집단을 형성하지 않는다. 따라서 생쥐를 아무리 좋아하는 신경과학자도, 생쥐로는 복잡한 사회성 연구를 수행할 수 없다. 바로 이 측면에서 생쥐와 인간의 차이를 메워줄 아주 좋은 모델생물이 요즘 급부상 중이다. 바로 마모셋이다.

마모셋은 명주원숭이라고도 불리는 조그만 원숭이로, 다 자란 마모셋은 20센티미터가 채 되지 않고 무게도 300~500g 정도밖에 나가지 않는다. 마모셋은 크기가 실험실 집쥐만큼 작은 데다 성격이 온순해서 관리가 쉽고, 번식력이 좋다는 장점이 있다. 야생 상태의 마모셋은 약 15마리의 집단을 형성하는데 이들은 마치 인간의 언어처럼 다양한 소리로 끊임없이 집단 구성원과 대화하며, 아주 복잡한 사회성을 보여주는 것으로 알려져 있다. 한국에서 게잡이원숭이나 붉은털원숭이가 주로 의약품 안전성 및 효능 평가 그리고 뇌 연구 및 장기이식과 줄기세포 연구에 사용되고 있지만, 일본은 이미 2009년 유전자 변형 마모셋을 만들어, 신경행동 연구와 의학 관련 연구의 모델생물로 마모셋을 집중 공략하고 있다.[7]

마모셋은 작다. 분명히 원숭이인데 집쥐만하다. 이건 생물학자들에겐 엄청난 매력으로 다가온다. 작다는 것은 관리가 편하다는 뜻이고, 그렇다면 쥐보다 인간에 가까운 마모셋을 선택할 매력이 생기기 때문이다. 게다가 마모셋은 아주 똑똑하고 사회적 지능을 가지고 있다. 대부분의 신경행동 유전학자들이 매력을 느낄 수밖에 없다. 이미 2010년대부터 마모셋과 그 친척 원숭이들은 복잡한 사회적 행동의 유전적 기반을 연구하려던 과학자들의 레이더에 포착되어 있었고, 이제 마모셋 유전학이 막 그 모습을 드러내고 있다. 마모셋 연구자의 숫자는 금세 늘어날 것으로 예측한다. 왜냐하면 크리스퍼 등의 유전체편집 도구를 사용하는 이상, 생쥐의 유전자변형이나 마모셋의 유전자변

— 생쥐 연구비가 다른 모델생물에 비해 압도적인 이유는 단지 인간에 가깝다는 이유 때문이다. 그렇다면 언젠가 생쥐도 마모셋 같은 원숭이 모델에게 압도당할 운명일 수밖에 없다.

형이나 크게 다를 게 없기 때문이다. 물론 원숭이를 희생해서 연구해야 하는 연구자들이야, 마음이 좀 아프겠지만 그건 생물학자들이 지난 수백 년간 인류에 공헌하기 위해 어쩔 수 없이 견뎌온 일이다.[8]

한번 상상해보자. 마모셋을 잘 사용하면, 우리는 사랑의 신경생물학에 대해 정말 많은 걸 배우게 될지도 모른다. 쥐는 사랑 같은 감정을 모를테니 말이다.[9] 나는 마모셋 연구가 곧 생쥐 연구를 밀어낼 것이라고 추측한다. 미래를 함께 살펴보도록 하자.

15

플라나리아—과학의 재현성 문제

Planarian

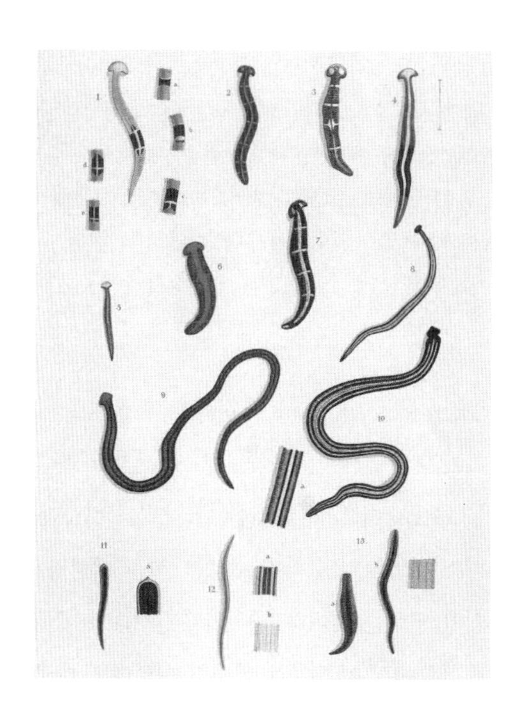

“처음의 결과를 재현하고 연장하도록 많은 생물학자들을 몰아넣은 일종의 유행이 있었다. 유행이라는 현상은 당연히 과학자들이 받아들여야만 하는 합리적 행동과 상충되는 것이라고 비판받는다. 유행은 질나쁘게 조작된 실험을 양산한다. 하지만 유행에는 좋은 점도 있다. 유행 때문에 집중적으로 투자된 노력과 수단들은 재빠르게 재현이 가능하거나 불가능한 현상들을 구분해낼 수 있도록 돕기 때문이다.”[1]

미셸 모랑주

얼마 전 미국항공우주국 나사NASA의 강력한 후원으로 비소Arsenic를 먹고 사는 박테리아가 발견되었다는 뉴스가 화제가 되었다. 이 박테리아의 DNA는 인Phosphorus이 들어 있어야 할 자리에 비소가 들어 있으며, 독성이 강한 비소를 먹으며 살아갈 수 있어서 외계생명체가 존재한다는 간접적 증거가 된다는 것이다. 미-소 냉전시대가 끝나고 나사의 존망이 위협받는 상황에서 이들이 외계생명체에 대한 대중의 관심을 끊임없이 유발하려 한다는 사실은 잘 알려져 있다. 특히 이번 비소 박테리아 논문의 발표를 앞둔 상황에서, 나사는 “외계생명체의 증거 탐색에 영향을 끼칠 우주생물학적 발견을 밝히는 기자회견을 열 예정"이라며 전 세계 언론의 호기심을 자극하는 퍼포먼스를 펼치기도 했다. 진지한 천문학자이면서도 외계인의 존재를 믿었던 칼 세이건처럼, 이 드넓은 우주 어딘가에는 분명 우리와는 다른 형태의 생명체가 존재할지 모른다. 하지만 비소 박테리아는 해당 연구자의 부주의한 데이터 해석과 나사의 무분별한 홍보가 빚어낸 해프닝으로 마무리될 듯하다. 비소 박테리아를 둔 논쟁은 현재진행형이지만, 최초 논문에는 심각한 문제들이 많다는 것이 과학계의 중론이다.

플라나리아의 기억

어린 시절 플라나리아는 생물학 실험의 단골 소재였다. 도시화가 덜 진행된 하천에서 쉽게 채집할 수 있었고, 물과 삶은 계란 몇 조각만 있으면 쉽게 기를 수 있었다. 게다가 플라나리아의 놀라운 재생능력은 생물 교과서를 장식할 만큼 놀라운 현상이기도 했다. 생물학에 별반 관심이 없는 이들도 면도칼로 머리 혹은 꼬리가 두 개 달린 플라나리아를 만들던 생물 시간이 쉽게 떠오를 것이다. 초파리 유전학의 창시자로 알려진 토머스 헌트 모건도 발생학자로 연구를 시작하던 1898년부터 플라나리아의 재생에 관한 여러 편의 논문을 발표할 정도였으니, 플라나리아는 생물학의 초창기부터 지금까지 널리 사용되는 모델생물인 셈이다. 잘 알려져 있듯 플라나리아는 몸길이 3~4cm 정도의 편형동물이며 깨끗한 강이나 하천에서 죽은 동물의 사체 등을 먹고 산다.

대중의 기억 속에서 플라나리아는 단지 놀라운 재생능력을 지닌 모델생물일 뿐이지만, 1960년대 중반에서 1970년대 중반까지 이 조그만 편형동물은 생물학계와 심리학계를 뒤흔들며 논란의 중심에 서 있었다. 논란의 중심이 된 연구는 1962년 윌리엄 맥코넬William McConnell이 신경병리학 저널Journal of Neuropsychiatry에 발표한 〈플라나리아의 동족 섭식을 통한 기억의 전달〉이라는 논문이었다. 이 논문에서 맥코넬은 두 가지 중요한 현상을 보고하는데, 첫 번째는 플라나리아처럼 단순한 편형동물도 빛과 전기자극이라는 두 가지 자극을 연관시켜 기억할 수 있다는 것이고(고전적 조건화), 두 번째는 이렇게 학습된 기억능력이 화학적 형태로 전달될 수 있다는 것이다. 즉, 훈련된 플라나리아를 갈아서 훈련받지 않은 플라나리아에게 먹이는 간단한 조작을 통해 조건화된 기억이 전달될 수 있다는 것이다.

그다지 유명하지 않았던 과학자 맥코넬은 이 논문으로 단번에 유명세를 치르게 되었고, 기억이 화학물질에 의해 개체에서 개체로 전달될 수 있다는 놀라운 사실은 많은 연구자에게 주목받았다. 많은 연구자가 맥코넬의 결과를 재현해보았고 그들 중 절반 정도가 긍정적인 결과를, 절반 정도는 부정적인 결과를 얻었다. 자신의 결과가 재현되지 않자 맥코넬은 다른 연구팀의 실험 조건이 자신의 것과 다르다는 주장을 펼쳤고, 처음엔 이런 주장이 유효한 듯 보였다. 당시 생물학계와 심리학계에서 학습과 기억이라는 주제가 유행하고 있었기 때문에, 만일 맥코넬의 연구가 사실이라면 기억의 메커니즘에 관한 패러다임이 바뀔 수도 있었다. 따라서 이 결과를 재현하는 것은 당시 과학자들에게 매우 중요한 화두일 수밖에 없었다. 결국 1961년 노벨상 수상자였던 멜

빈 캘빈Melvin Calvin이 나서게 되었고, 그 결과는 부정적이었다. 노벨상이라는 권위를 지닌 캘빈의 부정적인 언급에도 불구하고 맥코넬은 끊임없이 반박했고, 1966년 〈사이언스〉는 맥코넬의 연구 결과를 부정하는 7개 연구실의 22명의 연구자들이 작성한 논문을 싣기에 이른다. 여전히 맥코넬은 이들의 반박에 재반박을 시도했지만, 주로 자신이 만든 대중적인 잡지와 언론을 통해서였다.[2] 그렇게 맥코넬의 기억의 물질은 잊히는 듯했다.

기억을 전달하는 화학물질이 존재한다는 또 다른 결과는 생쥐에서 나왔다. 1964년 맥코넬의 연구 결과가 대부분의 과학자들에게서 부정적으로 받아들여지고 있을 무렵, 조르주 웅가Georges Ungar라는 약학자를 비롯한 여러 연구자들이 차례로 쥐에서 비슷한 결과들을 보고하기 시작한 것이다. 웅가는 처음에는 몰핀에 대한 저항성에서, 그 다음에는 암소공포증이라는 현상에서, 훈련된 쥐의 뇌를 갈아 훈련되지 않은 쥐에 주사했을 때 기억이 전달된다는 연구를 수행했다. 웅가의 연구 결과도 많은 연구자들에 의해 주목받았고, 재현 가능성 여부가 시험되었다. 특히 스탠포드 대학의 아브람 골드스타인Avram Goldstein은 웅가를 초청해서 그와 함께 연구를 재현해보려 시도했지만 실패했다. 그 누구도 웅가의 최초 논문 결과를 재현해낼 수는 없었다. 하지만 맥코넬과 달리 웅가는 10년이 넘도록 여러 반박에 답하고 토론하면서 논쟁을 이끌어내는 데 성공했고, 1978년 70살의 나이로 죽을 때까지 자신의 이론에 큰 흠집을 내지 않았다.[3]

과학과 사회의 재현 가능성

현재 신경과학을 연구하는 이들은 더 이상 이들의 연구 결과를 신뢰하지 않는다. 암소공포증을 유발하는 특이한 화학물질이 존재하고, 이 기억의 물질만 있으면 아무런 조건화를 겪지 않은 개체에게도 암소공포증을 유발할 수 있다는 식의 가설은 더 이상 받아들여지지 않는다. 맥코넬과 웅가가 활동하던 1960년대 중반은 분자생물학의 전성기였고, 생물학자들은 유전정보가 DNA로 환원된다는 사실을 발견하고 승리에 도취되어 있었다. 왓슨과 크릭의 1953년 논문 이전에도, 단백질과 RNA를 연구하던 많은 발생학자와 면역학자가 화학물질을 분리해 다른 개체에 주입하는 방식으로 성공적인 결과들을 얻어내고 있었고, 이러한 극단적 환원주의의 전통이 DNA라는 정보를 담은 물질과 만나면서 신경과학에도 비슷한 일이 일어난 것으로 볼 수 있다. 하지만 이들의 실패는 기억을 연구하는 신경과학자들이 '정보'라는 개념을 새롭게 각성하는 계기가 되었다. 즉, DNA처럼 아미노산으로 번역되는 종류의 정보는 기억이라는 현상에 적용할 수 없다는 확신이 생물학자들 사이에 널리 퍼지게 된 것이다. 웅가와 맥코넬 개인은 실패했지만, 생물학은 이들의 실패로 건설적인 계기를 마련하게 된 것이다.[4]

기억을 전달하는 화학물질에 관한 맥코넬과 웅가의 연구는 과학에서의 재현 가능성 문제가 얼마나 복잡하고 쉽게 결론내리기 어려운 것인지를 가늠하게 한다. 맥코넬과 웅가의 차이는 어디에서 비롯되는 것일까? 맥코넬의 플라나리아 연구는 누구나 재현할 수 있었다. 고등학생조차 원한다면 그의 연구를 재현해볼 수 있었다. 반면 웅가의 연구는 고도로 훈련받은 연구자들 외엔 재현이 불가능했다. 맥코넬의 연구는 기억과 학습이라는 주제에서 낯설게 느껴지던 플라나리아를 사용했지만, 웅가의 연구에서는 실험심리학자들이 가장 널리 사용하던 생쥐가 모델생물로 사용되었다. 맥코넬과 웅가 모두 자신의 연구를 부정하는 결과들에 재반박하며 논쟁에 임했지만, 결정적으로 그들에겐 한 가지 차이가 있었다. 맥코넬이 다른 연구들이 자신의 연구 조건들과 일치하지 않는다며 변명으로 일관하고 대중매체들에 의존한 반면, 웅가는 진지하고 과학적인 태도로 논쟁에 임했으며 자신의 이론을 수정해가며 다른 과학자들을 설득하려고 노력했다. 결국 둘 모두 실패로 판명되었지만, 둘의 차이는 과학적 논쟁에서 유연함을 유지하는 것이 얼마나 중요한지를 보여주는 좋은 사례가 되었다.

실험이 불가능한 많은 사회적 문제들과는 달리, 시공간을 초월해서 재현 가능한 실험 결과들이 과학의 기초를 이루고 있다. 〈네이처〉, 〈사이언스〉를 비롯한 유수 저널에 실리는 많은 논문들이 훗날 거짓으로 판명되기도 하지만, 결국 과학자들은 정답에 근접해간다. 사회적 현상들과 과학자들이 다루는 대상의 차이가 재현 가능성의 차이를 낳는다고 말할 수 있을지도 모른다. 그래서 사회적 현상에는 정답이 존재하지 않는다고 주장할 수 있다. 하지만 역사라는 무대는 인류가 수행해온 많은 실험을 포함하고 있다. 언젠가는 진실에 근접하고야 마는 과학자들처럼 역사에 대한 면밀한 탐사와 철저한 탐구는 어쩌면 그릇된 역사를 반복하려 하는 이들에게 과학적 훈련의 기회가 될지 모를 일이다. 식민지의 경험이 경제성장에 필수적이었다는 일부 학자들의 주장을 확인하기 위해 다시 식민지를 경험해야 할 필요는 없다. 역사의 실험 결과들은 반복될 수 없지만 시공간을 가로질러 도처에 산재하고 있기 때문이다. 한국의 역사적 진로가 정답에 근접해가고 있기를 기원한다. 다시 비극을 재현해야만 배울 수 있다면 그 비용은 너무나 비쌀 것이므로.

16

제브라피시—장기적 안목의 중요성

Danio rerio

"물고기는 개구리이며, 닭이며 또한 생쥐이기도 하다."[1]

찰스 킴멜 Charles Kimmel

척추동물계의 초파리, 제브라피시

유전학, 분자생물학, 생화학, 행동연구, 세포생물학, 발생학 등 여러 분야에서 가리지 않고 사용되며 가장 많은 생물학적 도구들을 갖춘 생물은 초파리와 예쁜꼬마선충뿐이다. 하지만 모델생물의 여왕 초파리는 안타깝게도 척추동물이 아니다. 초파리가 무척추동물이기 때문에 안타까워해야 할 하등의 이유는 없지만, 그것이 안타깝게 느껴지는 이유는 생물학에 투자되는 연구비가 인간이라는 종에 의해 결정되기 때문이다. 인간은 척추동물이며, 어쩔 수 없이 다른 종보다는 자신에게 더 관심이 많은 이기적 동물이다.

초파리 유전학의 가장 큰 장점 중 하나는 빠른 시간 안에 대단위의 돌연변이를 생산할 수 있고, 이를 통해 유전자의 기능을 연구하는 작업이 매우 쉽다는 데 있다. 예쁜꼬마선충이 등장하기 전까지는 이러한 유전학적 도구를 갖춘 종은—박테리아나 효모와 같은 단세포생물을 제외한다면—지구상에 초파리뿐이었다. 그리고 이제 생물학자들은 강력한 유전학적 도구를 갖춘 척추동물 한 종을 보유하게 되었다. 그것이 관상용 열대어에서 생물학자들에게 사랑받는 모델생물로 재탄생한 제브라피시다.

제브라피시는 잉어과에 속하는 물고기로, 원산지는 인도고, 길이는 3~4cm 정도인 소형 열대 관상어다. 수명은 약 2년 정도이며, 생후 3개월이면 번식이 가능한 암컷은 일주일에 약 200~300개의 알을 낳는다.[2] 발생이 매우 빨라 초기의 세포분열은 15분 간격으로 진행되며, 이러한 장점으로 인해 발생학과 유전학을 접목시킨 연구에 많이 사용된다. 인간이 지닌 대부분의 장기를 지니고 있고, 생쥐에 비해 매우 저렴한 연구비로 빠른 시간에 유전자의 기능을 연구할 수 있다는 점 등이 제브라피시가 각광받는 여러 이유 중 하나다.

제브라피시는 여러 면에서 초파리나 선충과 비교되지만, 모델생물로 정착하는 과정과 그 선구자의 전통에서도 초파리, 선충에 기대고 있는 동물이다. 예쁜꼬마선충이 분자생물학의 초창기를 주도했던 시드니 브레너의 헌신적인 노력으로 생물학자들에게 사랑받기 시작했듯이, 제브라피시도 조지 스트라이싱어George Streisinger라는 독보적인 생물학자의 끈질긴 구애로 생물학계에 정착하게 됐다. 초파리로 행동유전학의 시작을 알린 시모어 벤저가 처음엔 박테리오파지를 연구하다가 초파리로 전향을 감행했듯이, 스트라이싱어도 젊은 시절엔 박테리오파지를 연구하던 유전학자였다가 물고기 연구에 뛰어든 경계인이다.

막스 델브뤼크의 세 제자와 초파리, 예쁜꼬마선충, 제브라피시

1960년~1980년대는 분자생물학의 전성기였다. 많은 사람이 분자생물학이라는 말에서 왓슨과 크릭, 그리고 DNA라는 이미지만을 떠올리지만, 실제로 분자생물학이 다양한 생물학적 현상에 적용될 수 있었던 것은 선충의 시드니 브레너, 초파리의 시모어 벤저, 제브라피시의 스트라이싱어처럼 유전자 수준의 생화학적 연구들을 개체 수준으로 끌어올리기 위한 모험을 감행했던 선구자들의 노력 덕분이었다. 특히 이 세 명의 선구자들은 막스 델브뤼크라는, 물리학에서 생물학으로 전향한 정신적 스승을 공유하고 있다. 분자생물학의 초창기에 '파지 그룹'이라는 젊은 생물학자들의 연구공동체를 이끌던 델브뤼크는 독특한 과학관과 교육관으로 브레너와 벤저, 그리고 스트라이싱어와 같은 젊은 과학자들의 향후 진로에 영향을 미쳤다.[3]

델브뤼크의 영향력 아래 있던 파지 그룹의 연구 분위기와 열정은 현재까지도 많은 생물학자 사이에서 회자되곤 한다. 2차세계대전의 종전과 함께 히로시마에 떨어진 원자폭탄은 많은 물리학자로 하여금 생물학으로 분야를 옮기는 계기를 마련해주었고, 특히 닐스 보어의 친구이자 카리스마 있는 지도자였던 델브뤼크의 독특한 개성은 당시 새로운 분야를 찾아 헤매던 유능한 젊은 과학자들을 끌어들여 창의적인 연구들을 폭발시키는 기폭제 역할을 했다. 파지 그룹은 현재의 생물학자들이 전유하는 대부분의 인프라들을 탄생시킨 요람이었던 셈이다. 그곳에서 현대 생물학 논문의 대부분을 차지하는 선충, 초파리, 제브라피시가 모두 탄생했다는 점을 생각해본다면, 과학의 역사에서 연구

환경과 분위기가 얼마나 중요한 촉매 역할을 하는지 짐작해볼 수 있다. 인류학자였던 루이스 리키로부터 침팬지의 제인 구달, 오랑우탄의 비루테 갈디카스, 고릴라의 다이앤 포시라는 세 명의 제자가 탄생했다는 이야기는 유명하지만, 막스 델브뤼크로부터 초파리의 시모어 벤저, 선충의 시드니 브레너, 제브라피시의 조지 스트라이싱어가 탄생했다는 이야기는 잘 알려져 있지 않다. 과학은 전체적으로는 과학을 뒷받침하는 제도에 의해 발전하지만, 영향력 있는 과학자에 의해 형성된 연구 분위기는 이러한 발전의 촉매 역할을 하는 것이다.

물고기를 사랑했던 과학자

스트라이싱어는 1927년 헝가리 부다페스트에서 태어났다. 부모가 나치를 피해 그의 나이 10살 때 미국 뉴욕으로 이주한 후, 그는 브롱크스 과학고등학교에 입학했다. 고등학생 시절부터 도롱뇽, 거미, 뱀 연구에 재미를 붙인 그는 모건의 제자이자 초파리 집단유전학의 선구자인 도브잔스키와 함께 초파리의 구애행동을 연구하기도 했다. 그는 당시 막스 델브뤼크와 함께 파지 그룹을 이끌던 미생물학자 샐버도어 루리아를 만나 박사학위를 취득하며 깊은 영향을 받았고, 다시 막스 델브뤼크 휘하에서 박사후연구원으로 연구를 진행하며 파지 그룹의 일원이 되었다. 이 과정에서 시드니 브레너와 시모어 벤저를 만나 많은 토론을 거치며 과학자로서의 여정을 시작하게 된다.[4]

파지 그룹이 다양한 분야에서 경계를 두려워하지 않는 과학자들이 모인 비공식적 연구공동체였다는 점이 스트라이싱어의 향후 진로를 결정했을 것이다. 그는 박테리오파지를 중심으로 업적을 쌓았지만, 자신의 과학적 관심을 유도하는 분야로 옮겨가는 것에 주저함이 없었다. 이러한 그의 모험심은 '척추동물의 돌연변이 계대를 통한 신경계의 발생 연구'에 대한 관심이 생기자마자, 다양한 열대어들을 수집해 기르기 시작한 것에서 알 수 있다. 특히 이러한 모험적인 연구가 자신의 지도학생들의 향후 진로에 위험한 선택이 되지 않도록, 그는 박테리오파지를 연구하는 학생들과는 별도로 홀로 제브라피시 연구에 착수한다. 그가 제브라피시를 선택한 이유는 네 가지로 요약될 수 있다. 첫째, 제브라피시는 연구실에서 사육이 용이하며 기본적인 유전학적 연구에 안성맞춤이다. 둘째, 체외수정을 하는 물고기의 특성상 정자와 난자를 따로 분리해 목적에 맞게 교배하거나 발생시킬 수 있다. 셋째, 수정란이 투명하여 발생과정에서 일어나는 표현형들을 눈으로 쉽게 구분하고 분류할 수 있다. 넷째는 매우 개인적인 이유로, 스트라이싱어는 어린 시절부터 물고기를 특히 좋아했고 자연사박물관에서 물고기를 연구한 경험도 있었으며, 가족과 함께 휴가를 떠날 때마다 낚시를 하거나 그물을 쳐서 물고기를 잡았다고 한다.

그가 가장 먼저 수행한 일은 제브라피시를 초파리나 선충으로 만들 유전학적 도구들을 개발하는 일이었다. 한편으로는 연구비 후원 조직을 설득하고, 한편으론 9년이 넘는 세월 동안 홀로 유전학적 도구들을 개발하면서 그는 다양한 과학자들과 접촉하며 마침내 1981년 〈네이처〉의 표지를 장식한 기념비적인 논문을 내놓는다.[5] 시드니 브레너의 1974년 예쁜꼬마선충에 관한 첫 논문과 비견하는 이 논문은 당시 여러 과학자들의 이목을 집중시켰고, 이를 통해 제브라피시 연구공동체가 형성되기 시작했다. 하지만 처음으로 인도에서 열대어를 들여온 지 20여 년 만인 1984년에 그는 안타깝게 죽음을 맞이한다. 스트라이싱어는 과학자로서 연구실에만 처박혀 있었던 상아탑의 마법사는 아니었다. 그는 베트남전쟁과 미국의 방위비 증가에 반대하는 풀뿌리 시민단체에서 활발하게 활동했고, 유전학자로서 돌연변이를 유도할 수 있는 제초제의 과다한 사용에 반대하는 활동의 중심에 서기도 했다.

스트라이싱어가 독야청청 제브라피시를 연구하기 시작한 지 40여 년이 지난 지금, 수천 명의 물고기 연구자들이 인간의 유전질환과 신약개발, 암 연구 등을 위해 세계 각지에서 활동하고 있다. 브레너, 벤저, 스트라이싱어, 이 세 명의 과학자들이 각각 선충, 초파리, 제브라피시를 모델생물로 정착시킨 배후에는 장기적인 투자, 실패를 용인하고 모험을 장려하는 과학정책, 그리고 과학적 질문을 던지고 이를 열정적으로 끈질기게 수행할 수 있게 만드는 과학자 사회와 해당 사회의 분위기가 있었다. 현재처럼 응용연구와 단기적 성과에 집착하는 과학정책 속에서, 다시 이 세 과학자와 같은 선구자가 등장할지는 의문이다. 스트라이싱어의 스승인 델브뤼크는 다음과 같은 말을 남겼다. "사람들은 실수 속에서 산다."

17

집쥐—흑사병에서 독재까지

Rattus norvegicus

"만약 나에게 인류의 복지에 직간접적으로 관련된 여러 문제들을 한번에 해결할 수 있는 동물을 창조할 능력이 주어진다면, 노르웨이쥐 이상의 동물은 없을 것이라고 말할 수 있다."[1]

커트 릭터 Curt Richter

집쥐의 역사

생쥐가 아니다. 집쥐*Rattus norvegicus*는 시궁쥐라고도 불리며, 노르웨이쥐라는 고상한 이름도 가진 동물이다. 도시의 하수구나 집에서 흔히 발견되는 쥐는 보통 집쥐인 경우가 많다. 생물학 연구에서 가장 많이 사용되는 생쥐에 비하면 덩치가 크고, 성격도 더 포악하여 가끔 연구자들의 손가락을 물어 피가 나게 하는 그런 동물이다. 이미 1909년에 현재 실험실에서 사용되는 흰 집쥐 계대가 확립되었고, 생물학과 실험심리학 분야의 과학자들에게 이 유용한 동물이 널리 퍼져나갔다. 포유류 유전학의 도구로 집쥐가 아닌 생쥐가 선택되는 20세기 중반까지, 집쥐는 인간에 적용이 가능한 현상들을 연구하는 생물학자들에게 꿈의 동물로 사랑받았다.

인류는 농경을 시작한 이후 집쥐와의 전쟁을 치러왔다 해도 과언이 아니다. 집쥐는 인간과 생활환경을 공유하며, 인간의 식량을 축내고, 전염병을 퍼뜨리는 숙주이기 때문이다. 현대에는 전혀 공포로 각인되지 않는 흑사병은, 20세기 초엽만 해도 공포의 대상이었다. 전염병의 공포는 현대사회에서도 조류독감이나 바이러스에 대한 공포로 나타나며, 이러한 공포는 좀비 바이러스라는 영화의 단골소재로 반복된다. 사실 흑사병을 논외로 하더라도 인류에게 집쥐는 모기와 함께 가장 혐오스러운 동물 중 하나이다. 생물학자들이 이런 종을 모델생물로 삼았다는 것도 과학사의 흥미로운 단면이다.

표준을 향하여

그런 이유 때문인지는 몰라도, 집쥐가 생물학자들 사이에서 꿈의 동물로 거듭난 곳은 흑사병의 공포를 지닌 유럽이 아니라 미국에서였다. 집쥐가 지닌 포악하고 야비하며 쓸모없는 이미지는 20세기 초반 미국에서 근대의학의 영웅이라는 이미지로 재탄생하게 된다. 그 시작은 당시 미국 산업화의 상징이었던 도시, 필라델피아였다.

위스타연구소Wistar Institute of Anatomy and Biology는 위스타 가문의 이름을 딴 것으로, 의사이자 해부학자였던 캐스파 위스타Caspar Wistar를 기리기 위해 1892년 설립되었다. 이 연구소는 미국 최초의 독립 민간 연구소였고, 19세기말 전통적인 해부학, 비교형태학을 연구하던 곳이었다. 1905년까지 단순한 박물관 이상의 기능을 수행하지 않던 연구소는 밀턴 그린맨Milton J. Greenman이 소장으로 취임하고, 헨리 도널드슨Henry Donaldson이 연구원으로 참여하면서 변화를 겪게 된다. 당시 미국에서 유행하던 테일러의 '과학적 생산 기법' 테일러리즘Taylorism에 심취했던 그린맨의 경영철학과, 유럽에서 건너온 뛰어난 과학자들 밑에서 훈련받았던 도널드슨의 과학자로서의 능력이 결합되자, 위스타연구소는 연구와 사업이라는 두 마리 토끼를 모두 잡을 수 있었다.

테일러리즘의 핵심은 작업조건과 작업방법의 표준화였다. 그린맨은 공장에서 적용되는 테일러리즘의 '표준화'가 연구소에도 필요하다고 생각했고, 이를 위해 도널드슨을 부추겼다. 과학자들이 연구를 효율적으로 수행하기 위해서는 '표준화된' 실험도구가 필요하다는 것이다. 이를 위해 도널드슨이 고른 동물이 바로 알비노 현상에 의해 털이 하얗게 된 집쥐였다. 하지만 집쥐를 표준화하는 작업은 간단하지 않았다. 복잡한 생물을 클립이나 나사처럼 표준화하는 것은 쉬운 일이 아니기 때문이다. 그들이 원했던 것은 건강하고 동일한 생리학적 반응을 보여주면서도 대량으로 생산이 가능한 꿈의 집쥐였다. 이 작업이 성공하기 위해서는 인내심과 끈기가 가장 중요한 요인이었다.

그린맨과 도널드슨이 표준화된 집쥐를 꿈꾸던 바로 그 무렵에 헬렌 딘 킹Helen Dean King이라는 무명의 여성 과학자가 연구소에 들어왔다. 그녀는 토머스 헌트 모건의 지도하에 박사학위를 마치고 여러 편의 논문을 발표한 인재였지만, 여성이라는 이유로 대학에서 제대로 된 직업을 구할 수 없었고 위스타연구소에 무보수 인턴으로 취직한 것이다.[2]

집쥐들의 어머니, 헬렌

초파리의 선구자인 모건에게 수학한 헬렌이 집쥐를 연구하게 된 계기는 근친교배에 대한 관심 때문이었다고 한다. 당시 서구사회에는 사촌간 결혼을 두고 여러 의견들이 대립하고 있었다. 사촌간 결혼이 왕실 등에서는 빈번한 관행이었지만, 각 사회의 문화적 차이에 의해 결정되는 경우가 많았다. 근친교배를 반대할 생물학적 근거는 언제나 논란의 대상이었다. 근친교배를 반대하는 가장 강력한 과학적 근거는 찰스 다윈으로 거슬러 올라간다. 자신이 사촌간 결혼의 결과물인 동시에 그의 부인 엠마 역시 사촌이었던 다윈에게, 근친교배의 문제는 지독한 골칫거리였다. 다윈은 그의 저서 이곳저곳에 이러한 근심을 드러내는데, 10명의 자식들 중 상당수가 일찍 죽거나 자폐증을 앓게 되자 마침내 근친교배는 생물학적으로 해로운 결과를 초래한다는 결론을 내리게 된다.

표준화된 집쥐를 만들어내려던 위스타연구소의 목표와 근친교배에 대한 헬렌의 관심은 묘한 시너지를 만들어냈다. 표준화된 집쥐를 만드는 최선의 방법은 근친교배로 유전적으로 거의 동일한, 그러면서도 안정적으로 유지되는 집쥐 계대를 생산해내는 것이었기 때문이다. 10여 년의 지루한 교배 실험을 통해 그녀는 마침내 '위스타 집쥐wistar rat'로 알려진 흰 집쥐를 탄생시켰다. 현재까지도 대부분의 실험실에서 사용되는 바로 그 집쥐다.

그녀의 성공이 의미하는 바는 근친교배만으로는 유전적으로 해로운 효과가 발생하지 않는다는 것이었다. 근친교배 자체가 유전적으로 해롭다면, 위스타 집쥐의 존재 자체가 불가능하기 때문이다. 그녀는 근친교배 자체가 아니라 여러 환경적 요인과 최초로 선택된 개체들의 유전적 상태가 근친교배에 의한 부정적인 효과들을 만들어낸다고 결론지었다. 수십 년에 걸친 그녀의 결론은 근친교배로 보통 집쥐보다 크고, 건강해보이는 집쥐가 등장할 수 있다는 것이었다. 하지만 그녀의 성공적인 표준 집쥐의 창조는 불행하게도 당시 미국에서 유행한 우생학자들에 의해 포장되었다. 인간에게서도 근친교배를 통해 '순수 혈통'이 가능하리라는 기대가 싹튼 것이다. 당시 대부분의 유전학자들은 동시에 우생학자였으니, 헬렌이 우생학에 큰 기대를 품었다는 것도 이상한 일은 아니다. 그녀는 우생학협회에 깊이 관여했으며, 당시 미국의 선도적인 우생학자들과 협력관계를 유지했다. 세계대전이 발발하고, 나치즘에 의해 우생학이 의심받게 되었지만, 여전히 그녀는 우생학에 호의적이었다고 한다. 불행한 일이지만, 우생학은 20세기 초반 미국의 생물학자들이 피해갈 수 없는 지배적 관념이었다. 게다가 찰스 다윈의 결론을 부정해버린 여성 과학자의 존재는 당시 미국에선 큰 화제가 되었다.[3]

집쥐와의 전쟁

집쥐처럼 드라마틱한 반전을 겪은 모델생물은 과학사에서 흔하지 않다. 집쥐가 생물학자들에 의해 간택되기 전까지는 온갖 더러운 이미지들이 집쥐라는 명칭 속에 섞여 있었다. 근대의학의 영웅으로 재탄생하는 과정에서조차, 집쥐에게는 테일러리즘이라는 노동자들에게 비극적인 이념과, 우생학이라는 생물학자들의 슬픈 과오와, 여성이라는 소수자에 대한 과학계의 차별이 스며들어 있다. 한국의 현대사에서도 집쥐는 정치권력에 악용되는 수모를 겪어야 했다. 박정희 정권 시대, 한국은 사상 유례없는 '쥐와의 전쟁'을 치러야 했으며, 집쥐가 사회적 약자들을 매도하는 상징으로 사용됨으로써 '쥐잡기 운동'은 결과적으로 약자에 대한 차별의 정당화 도구가 되었다.[6]

때로는 절뚝거리고, 멈추고, 상처받아도, 역사는 뚜벅뚜벅 자신의 길을 간다. 과학사는 그렇게 걷고 걸어 우생학을 몰아내었고, 한국사는 그렇게 흐르고 흘러 집쥐를 약자의 상징에서 기득권을 대표하는 상징으로 바꾸어놓았다. 기존의 관념을 거부하는 과학자들의 진취성은 흑사병의 상징인 집쥐를 근대의학의 상징으로 변모시켰다. 과학자 사회에서조차 소외받았던 한 여성은 과학자들에게 가장 사랑받는 모델생물을 탄생시켰다. 집쥐가 생물학의 모델생물이 되는 과정에는 그 어느 생물보다도 많은 과학과 정치, 과학과 사회의 불협화음이 녹아 있다.

박정희 정권 시대의 과학자들은 정치권력의 도구로 사용되었다. 근현대 한국사에서 과학은 정치권력을 정당화하는 수단으로, 이후에는 경제성장을 위한 도구로 사용되었다. 동시에 한국의 과학기술자들은 우생학을 정당화하는 도구로 사용되었던 집쥐의 운명처럼, 국가를 위해 존재하는 부속품으로 전락할 수밖에 없었다. 선거철이 돌아오면 정파를 초월해 난무하는 과학기술 공약들이, 혹시 과학기술자들에 대한 이러한 도구적 관점 속에서 시행되는 것은 아닌지 다시 한 번 곰곰이 생각해볼 일이다. 박정희 정권 시대에는 기득권을 위해 사회적 약자들이 쥐를 잡았다. 2020년 한국에서는 누구를 위해 누가 쥐를 잡을 것인지, 고민해볼 일이다.

18

생쥐(1)—우생학과 유전학

Mus musculus

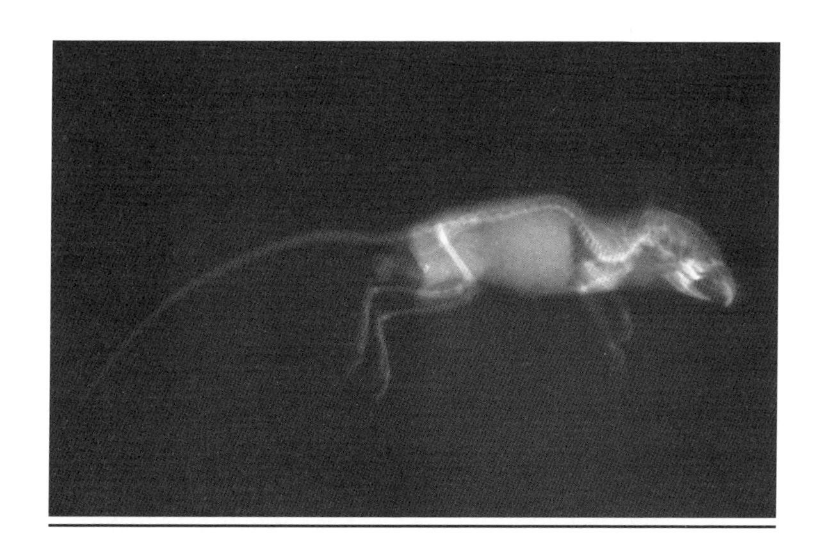

> "생물학자들이 이제서야 직시하듯이, 인종의 문제는 생물학적인 문제로 취급될 수 없다. 이는 토끼를 교배하는 것이 사회학적 문제가 아닌 이유와 같다."[1]
>
> **윌리엄 캐슬** William Castle

생물학 사회 내부에서 일어난 유전학의 발전은 유전론적 우생학의 흥기를 도모했으나 오히려 우생학의 과학적 취약성을 밝히는 기제로 작용하게 되었다.[2]

서서발재鼠鼠發財, 중국 음식점에서 흔히 볼 수 있는 이 말은 '쥐들이 재운을 몰고 온다'라는 뜻이다. 쥐에 대한 인류의 부정적 정서에도 불구하고, 동양에서 쥐는 12간지의 처음을 차지하고 있는 동물이다. 게다가 생쥐는 전 세계 생물학자들이 가장 사랑하는 동물이다. 비용 대 효율 면에서, 즉 어떤 포유동물보다도 인간에 가까우면서 가장 값싸게 인간의 질병과 생리에 관한 연구가 가능한 동물, 그것이 실험실 흰 생쥐가 생물학자들을 사로잡은 가장 큰 이유일 것이다.

과학사에서 생쥐는 17세기 중반 로버트 훅의 공기펌프 실험에서 질식사하는 역할로 등장했다. 생쥐가 다시 생물학자들의 관심을 받은 것은 20세기 초 멘델의 유전법칙이 재발견되고, 이를 포유동물에 적용시키는 연구가 각광을 받기 시작하면서부터였다.

부세이스트의 탄생

집쥐가 전 세계 생물학자와 실험심리학자들에게 퍼지는 과정에서 위스타연구소의 헬렌 킹에 의한 표준화 작업이 가장 중요한 초석이 되었듯이, 실험실 생쥐도 충분히 비슷한 유전형질을 지닌 계통을 만들어내는 것이 가장 큰 난관이자 출발점이었다. 그 작업이 이루어진 곳이 미국 매사추세츠 하버드 대학의 부설 연구소 부세이Bussey Institute였다. 그리고 그곳에 미국 포유동물 유전학의 아버지라 불리는 윌리엄 어니스트 캐슬William Ernest Castle이 있었다.

캐슬은 1867년 오하이오주의 한 농장에서 태어났고, 1895년 동물학으로 박사학위를 받았다. 그는 발생학자로 경력을 시작했지만, 당시 멘델의 유전학이 유럽에서 재발견되면서 기니피그를 모델생물로 멘델의 유전법칙을 확인하는 작업에 착수했다. 멘델의 유전법칙을 진화적 관점에서 연구하던 캐슬에게 곤충학자인 찰스 우드워스Charles W. Woodworth가 초파리를 유전학 연구에 사용해보면 어떻겠느냐고 제안했고, 그 제안에 따라 캐슬은 초파리를 최초로 유전학 연구에 사용했다. 캐슬의 초파리 연구에 감명받은 토머스 헌트 모건이 비슷한 시기에 초파리를 유전학 연구의 금광으로 만들었다. 다양한 생물종에서 멘델의 유전법칙을 연구하던 캐슬은 1908년 하버드의 응용생물학 연구소였던 부세이연구소로 이적하게 되고, 이곳에서 포유류 유전학의 서막을 열었다.

캐슬의 지도하에 이곳에서 연구하던 일군의 과학자들을 부세이스트Busseyites라고 부른다. 바로 이곳에서 진화종합의 주축 중 한 명인 수얼 라이트Sewall Wright와 훗날 잭슨연구소Jackson Laboratory를 설립해 미국 생물학의 황금기를 연 클래런스 쿡 리틀Clarence Cook Little이 나왔다. '생쥐인간'으로 불렸던 리틀은 한 배에서 나온 쥐들의 지속적인 동종교배를 통해 안정적인 혈통의 생쥐를 생산해내기 시작했고, 메인 대학의 총장이 되면서 부세이연구소의 전통을 이어 1929년 잭슨연구소를 설립했다. 생쥐가 생물학자들에게 사랑받는 모델생물로 탄생하는 순간이었다. 1936년 캐슬의 은퇴와 더불어 부세이연구소가 문을 닫기 전까지, 이곳에서 생쥐를 이용해 연구했던 결과물들이 현재 대부분의 생물학자가 생쥐를 모델생물로 연구할 수 있는 기반이 된다.[3]

우생학의 전개

캐슬이 활동하던 19세기 말~20세기 초는 영국에서 시작된 우생학이 미국에 정착하던 시기다. 1912년 우생학 기록 사무소Eugenics Record Office가 설립되었을 때 캐슬도 이곳의 위원으로 활동했다. 우생학은 나치의 인종청소, 미국의 이민제한법과 혼인금지법, 미국과 독일의 강제불임법 등을 통해 부정적 차원에서 논의되고 있지만, 이러한 정치적 차원의 논의들은 당시 유전학과 밀접한 관계 속에서 성장했던 우생학의 과학적 차원과, 실제로는 다양한 정치적 스펙트럼을 지닌 우생학 운동의 역사를 축소시켜버린다.

우생학에 드리운 정치적 그늘은 주로 우파들이 보수 이데올로기를 강화하는 데 우생학을 악용한 점에서 비롯된다. 우생학은 더 나은 인간을 양성하고 싶어하는 인류의 오래된 욕망이 19세기 말 다윈의 진화론이라는 과학적 근거와 결합하면서 탄생한 학문이다. 1883년 다윈의 사촌 골턴이 이 단어를 부적절한 종을 제거하고 바람직한 종을 늘리는 방법을 연구하는 학문으로 정의했다. 실제로 골턴은 우생학을 '신체적으로, 혹은 정신적으로 미래 세대의 인간적 특성을 개선할 수 있는 사회적 통제를 받는 요인들에 대한 과학'으로 정의했다. 즉, 골턴조차 우생학 연구에서 사회적 영향을 배제할 수 없었다는 뜻이다. 19세기 후반 유럽과 미국의 사회적 배경이 맞물리면서 우생학은 인류의 사회적 문제를 해결하는 유용한 방법으로 각광받았다. 특히 우생학의 발흥에는 과학이 사회에 공헌해야 한다는 당시 과학자들의 열망이 녹아 있다. 산업혁명이 진행되면서 등장한 도시의 빈곤과 범죄 등 사회적 문제들을 해결하는 데 과학이 해결책을 제시할 수 있다는 기대감이 있었던 것이다. 즉, 우생학은 그 탄생부터 사회의 '개혁'을 위한 실천적 학문으로 대두되었다.

우생학의 전개는 해당 사회가 처해 있던 역사적 배경, 그리고 우생학 운동을 주도했던 과학자들의 정치적 입장과 밀접한 관련이 있다. 예를 들어 우생학이 시작된 영국에서는 개량 우생학이 주도권을 쥐게 되는데, 이들은 과학적인 우생학을 위해서는 모든 개인의 사회적 조건이 동일해야 한다는 논리로 인류의 생물학적 개량보다는 사회적 평등을 추구하는 데 더욱 노력했다. 특히 이들의 정치적 입장은 사회주의부터 자유주의까지 다양했으며, 이들 대다수가 스스로를 좌파로 인식했다. 반대로 미국과 독일에서는 교조적 우생학이 주도권을 쥐었는데, 이들은 사회적 약자들의 유전적 형질을 제거해야 한다는 논리 혹은 열등한 인종의 제거를 통해 완전한 인간형을 창조해야 한다는 논리로 계급 간, 인종 간의 편견을 유도했다.[4]

미국의 경우, 1924년 우생학을 과학적 근간으로 한 이민제한법이 제정되면서 우생학 운동이 정점을 찍는다. 이는 당시 미국이 처한 사회적 상황과 맞닿아 있는데, 당시 미국에 폭발적으로 유입되기 시작한 남동부 유럽의 이민자들을 제한할 정치적 정당성이 필요했기 때문이다. 특히 신이민자들로 인해 빈민화가 가속화되자, 경쟁과 자유방임을 옹호하던 미국의 보수적 정치인들은 이를 인종주의 그리고 유전 및 본성의 문제로 환원시키면서 여론을 주도하려 했다. 이 과정에 깊숙이 개입한 과학자가 찰스 대븐포트Charles Davenport였다.

대븐포트와 캐슬: 우생학의 두 얼굴

대븐포트는 1866년 생으로 윌리엄 캐슬과 동시대를 살았던 미국의 동물학자였다. 그는 당시 미국 보수 정치인들의 입장을 생물학적으로 옹호했다. 예를 들면 그는 극빈자들을 위한 자선정책과 구호시설은 유전적으로 결함이 있는 이들이 계속해서 자손을 낳게 만들 우려가 있어서 필요 없는 행위라고 주장했다. 더 나아가 그는 "우리 인구의 3~4%는 문명사회의 끔찍한 장애물이다. 열등하고 퇴화된 수많은 원형질들을 제공하는 원천을 고갈시키기 위해 필요한 과학적 연구들의 지적들을 거부할 것이냐"며 자신의 우생학 연구에 더 많은 지원을 요구했다. 대븐포트가 보수정치인들의 정치적 입장을 대변하며, 과학을 왜곡하는 동안 1929년 대공황이 발생한다. 대공황은 특정 인종이 다른 인종보다 우월하다는 교조적 우생학자들의 주장을 잠식시켰다. 왜냐하면 대공황은 인종에 관계없이 모든 사회 구성원들의 몰락을 초래했기 때문이다. 대공황이 발생한 이후, 미국의 우생학은 쇠퇴하기 시작한다.[5]

다층적으로 해석이 가능한 우생학을 대븐포트처럼 사회적 약자들을 제거하기 위한 사이비과학으로 변형시킨 과학자가 있었던 반면, 윌리엄 캐슬처럼 우생학의 과학적 설명력의 한계를 지적하며 조심스러운 입장을 유지한 과학자도 있었다. 그의 저서 《유전학과 우생학 Genetics and Eugenics》의 서문에서 캐슬은 이렇게 말한다.

> "인간이라는 탁월한 동물의 생식을 연구하기 위해서는 먼저 유전학의 일반법칙을 정립할 필요가 있다. 우생학은 그 다음에야 부차적으로 연구할 일이다."

나아가 그는 생물학 연구와 사회학 연구의 학제간 연구의 중요성을 다음과 같이 천명했다.

> "유전학의 일반 원칙들이 무엇이고, 그것이 인간에게 얼마나 적용될 수 있는가의 문제는 우선적으로 생물학적 질문일 것이다. 하지

만 이러한 생물학적 질문들이 얼마나 사회적으로 조정 가능한가는 사회학적 질문이다. 그리고 나로서는 이러한 사회학적 질문들에 대해 사회학자들의 조언 없이 대답하려는 시도를 하지 않을 것이다."

우생학이 20세기 초반 미국에서 악명을 떨쳤지만, 윌리엄 캐슬은 과학적 설명력이 지니는 한계를 명확히 인식한 과학자였다. 그런 과학자에 의해 포유류 유전학의 초석이 닦일 수 있었던 것은 실험실에서 생쥐를 연구하는 생물학자들에게는 행운이다.

19

생쥐(2)—연구와 정치

Mus musculus

"박테리아는 이제 모호하고 비밀스럽게 보였다. 나는 호르몬을 눈으로 볼 수 있고 열정과 영혼을 가진 동물로 실험하고 싶었다. 육안으로 볼 수 있고, 각 개체를 알아볼 수 있으며, 이름을 붙여줄 수 있는 동물을 원했다. 게다가 나를 바라볼 수 있는 동물을 말이다."[1]

프랑수아 자코브 Francois Jacob

생쥐라는 모델생물을 이야기할 때는 경제학적 상식을 염두에 두어야 한다. 수요가 증가하거나 공급이 감소하면 가격이 상승한다. 생쥐를 모델로 하는 연구는 비싸다. 이는 생쥐를 모델로 한 연구의 수요가 많다는 이야기가 된다. 또한 근친교배로 표준화된 생쥐만이 연구재료로 인정받기 때문에 실험실에서 사용되는 대부분의 생쥐들은 몇몇 대형 회사가 독점적으로 공급하고 있는 현실이다. 수요는 폭증했고, 공급은 제한되어 있다. 생쥐 연구에 들어가는 비용도 날이 갈수록 치솟고 있다. 게다가 생쥐로 인간 질병을 연구하는 것에 대한 회의론이 점차 고개를 들고 있다.[2] 생쥐 거품Mouse bubble이다.

왜 생쥐였는가

윌리엄 캐슬이 세운 부세이연구소에서 향후 유전학의 방향을 결정지을 두 명의 생물학자가 탄생했다. 부세이연구소가 해체된 후 잭슨연구소The Jackson Laboratory를 설립하고 현재 연구되고 있는 근친교배 생쥐를 생산한 클래런스 쿡 리틀과, 진화의 근대종합modern synthesis을 이루어냈다고 평가받는 3인의 학자들 중 한 명인 수얼 라이트가 주인공이다. 역사는 '만약'이라는 질문을 허용하지 않는 우연적 요소로 가득 차 있지만, 생쥐 유전학의 역사는 그런 질문을 한 번쯤 되뇌게 한다.

리틀은 캐슬의 지도하에 주로 개를 연구하고 있었다. 어린 시절부터 개에 대한 애정이 남달랐기 때문인데, 캐슬은 개를 이용한 유전학 연구가 교배에 너무 오랜 시간이 걸린다는 이유로 리틀에게 생쥐 연구를 권유하게 된다. 리틀은 연구소장의 제안을 반발 없이 받아들였다. 라이트가 부세이연구소에 들어왔을 때 마침 기니피그를 연구하던 과학자가 퇴직하게 되었고, 캐슬의 권유로 라이트는 그 후임을 맡게 된다. 그리고 평생 동안 기니피그를 연구하며 생리유전학과 통계유전학 연구에 매진했다.

리틀에 관한 짧은 에세이에서, 유전학자 제임스 크로James F. Crow는 만약 둘의 역할이 바뀌었다면 생쥐 유전학의 역사는 한층 더 앞서나갔을 것이라고 말한다. 왜냐하면 연구자로서의 자질만 놓고 봤을 때, 라이트가 리틀보다 훨씬 뛰어났기 때문이다. 반대로 리틀은 연구자로서의 자질보다는 대학총장이나 연구소장으로서의 직책을 수행하는 데 탁월한 재능을 보였다. 하지만 운명이란 얄궂은 것. 집쥐나 토끼, 개나 고양이 혹은 비둘기가 아니라 생쥐가 인간 질병 연구의 표준 모델로 등장하게 된 결정적인 원인을 제공한 인물 또한 리틀임을 부정할 수는 없다. 특이한 과학자 리틀에 의한 잭슨연구소의 설립과 이후 그가 연구소를 이끈 과정은 현대 생쥐 유전학이 이처럼 거대해진 대부분의 이유를 설명한다.

잭슨연구소, 리틀, 그리고 줄기세포

스승인 캐슬과 달리 리틀은 언제나 확신에 가득 차 있었고 공적 발언을 할 때도 주저함이 없었다. 그는 가는 곳마다 논쟁이 될 만한 발언을 서슴지 않았고, 사회적으로 민감한 사안들에 대해 거침없는 말을 쏟아냈다. 예를 들어 그는 20세기 초반의 미국에서조차 민감한 사안이었던 산아제한, 안락사, 우생학의 강력한 옹호자로 나서곤 했다. 메인 대학과 미시간 대학의 총장으로 부임한 이후에도 대학 교수들과 학생들의 의견을 무시하고 주지사나 이사회와의 긴밀한 협력으로 무리한 정책들을 추진했다. 총장 시절 그가 추진했던 정책 중 하나가 학부생들이 자동차를 타고 등교하지 못하도록 하는 것이었다고 한다.

하지만 리틀이 가진 정치적 재능을 무시할 수는 없다. 그는 열정적이고 긍정적이었으며 뛰어난 웅변에 잘생긴 외모까지 겸비한 과학자였다. 특히 과학자들 중에 지역의 사업가들과 사교를 통해 거대한 자금을 끌어오는 데에 리틀보다 능한 자는 없었다. 부세이연구소에서의 경력 이후 메인 대학에서 미국 역사상 가장 젊은 나이에 총장이 된 리틀은 독선적인 행정으로 곧 사임하고 미시간 대학의 총장으로 부임하게 된다. 미시간 대학에서는 우생학과 산아제한, 안락사 등에 대한 발언이 문제가 되었고, 4년 만에 반강제적으로 총장직에서 물러났다. 포기를 모르는 리틀은 이후 당시 자동차 공업의 중심지였던 디트로이트로 향했다. 그곳에서 허드슨 자동차 주식회사의 사장과 친분을 쌓은 리틀은 독립적 연구소를 위한 자금을 따냈고, 회사의 중역이자 고액 기부자 중 한 사람이었던 로스코 잭슨Roscoe B. Jackson의 이름을 따서 1929년 잭슨연구소를 설립했다.

잭슨연구소가 처음 설립되었을 때, 연구소의 전통은 리틀이 경험했던 부세이연구소와 크게 다르지 않았다. 단지 잭슨연구소에서는 생쥐가 가장 중요한 동물로 변해 있었을 따름이다. 연구소에서는 모건의 초파리방처럼 과학자들의 자유로운 연구 분위기가 형성되어 있었고, 주로 털 색깔이나 암에 관한 유전학적 연구들이 수행되었다. 하지만 1929년 경제대공황으로 주식시장이 무너지고 미국경제가 수렁에 빠지자, 연구소도 존폐의 기로에 서게 된다. 이런 절체절명의 위기에서 리틀의 정치적 수완이 다시 한 번 빛을 발한다. 이 시기 리틀은 연구보다는 표준화된 생쥐 계대를 전 세계에 수출하는 데 연구소의 전력을 쏟아부었다. 그렇게 연구소가 생쥐 판매로 근근이 버티던 무렵 1938년 설립된 국립암연구소National Cancer Institute가 가장 처음으로 잭슨연구소에 막대한 연구비를 지원하기 시작했다. 생쥐 판매도 급격히 증가하기 시작했다. 연구소는 활기를 띠게 되었지만 1947년 큰 화재로 많은 생쥐 계대가 유실되는 사고가 발생한다. 리틀은 다시 한 번 연구소 재건을 위한 자금 마련에 나섰고, 이번에도 성공적으로 돈을 모으는 데 성공했다. 그렇게 잭슨연구소는 정치적 과학자 리틀의 지휘 아래 대공황과 세계대전이라는 위기 속에서도 생쥐를 생물학의 주인공으로 만드는 데 성공했다. 생쥐 유전학의 시대가 막을 연 것이다.[3]

과학자란 무엇인가

조지 스넬George Snell은 리틀에 대한 부고에서 "그의 성공은 대단한 것이었지만, 그의 몰락도 예견되어 있었다"고 말했다.[4] 잭슨연구소의 성공적인 정착 후에도 리틀은 미국 암연구학회장, 우생학회장 등을 두루 겸직하며 왕성한 활동을 펼쳤고, 여전히 우생학을 사회정책에 적용시키려는 노력을 포기하지 않았다. 하지만 그의 인생에서 가장 큰 논쟁거리는 그가 담배 제조회사의 이사가 된 이후에 발생했다. 잭슨연구소를 비롯한 모든 단체의 직책에서 물러난 후, 담배 제조회사의 이사로 과학적 자문을 수행하던 리틀은 담배가 폐암의 직접적 원인이라는 실험적 증거가 전혀 없다는 발언을 공공연히 하고 다녔다. 실험생물학자로 훈련받은 그에게 통계적 증거는 전혀 증거가 될 수 없기 때문이었을까? 하지만 담배 회사의 이사였던 사람이 흡연의 무해성을 주장하는 데 제 아무리 과학적 증거를 들이댄다 하더라도, 담배 회사를 옹호하려는 꼼수임을 부인하기는 힘들다.

다시 한 번 '만약 캐슬이 리틀이 아닌 라이트에게 생쥐 유전학 연구를 지시했다면?'이라는 질문으로 돌아오자. 필자의 솔직한 대답은 만약 라이트에게 생쥐가 맡겨졌다면 잭슨연구소도, 지금과 같은 생쥐 유전학의 전성시대도 오지 않았으리라 생각한다. 만약 역사적 운명이 뒤바뀌어 리틀이 기니피그를 연구했다면, 우리는 생쥐 유전학이 아닌 표준화된 기니피그 유전학을 가지고 있을지도 모를 일이다. 라이트는 수줍음이 많고 고고한 학자형이었다. 그는 절대로 사업가들과 타협할 인물이 아니었다.

제임스 크로는 리틀에 대한 강연에서 "의사였던 코난 도일의 환자가 되지 않기로 결심했던 환자들 덕분에 셜록 홈즈라는 작품이 탄생할 수 있었듯이, 미시간 대학에서 리틀을 사임하게 만든 이들 덕택에 잭슨연구소가 탄생할 수 있었으니, 그를 쫓아낸 이들에게 감사해야 한다"고 말했다.[5] 단 하나의 기준으로 과학자의 역할을 평가할 수는 없는 일이다. 한 사회에 과학이 정착하는 데에는 다양한 성향을 지닌 과학자들이 필요하다. 우리는 아인슈타인도 필요하지만, 리틀이나 미국 과학정책의 기초를 다진 버니바 부시Vannevar Bush 같은 인물도 필요하다는 뜻이다. 하지만 이 말이 곡해되면 안 된다. 리틀이라는 정치적 과학자가 성공할 수 있었던 배경에는 윌리엄 캐슬이나 토머스 모건처럼 과학적 기초를 철저하게 다진 인물들의 역할이 있었기 때문이다. 아인슈타인이 있어야, 오펜하이머와 같은 인물들이 날갯짓을 할 수 있다. 한 사회에 오펜하이머나 리틀처럼 정치적 과학자들만이 넘쳐난다면, 아인슈타인은 등장하지 않는다. 과학의 기초가 닦인 후에 과학이 자본과 엮이기 시작한 미국과 달리, 한국은 첫 단추가 잘못 끼워진 역사적 짐을 지고 있다. 그런 상황 속에서 정치인들과 언론은 과학 분야에서 한국인 노벨상 수상자는 언제 나오냐며 조급함을 참지 못한다. 그런 조급함과 잘못 끼워진 단추가 황우석 같은 인물의 탄생을 불렀는지도 모를 일이다.

정치적 과학자 리틀에 의해 탄생한 생쥐야말로 가장 미국적인 모델 생물일지 모른다. 하지만 미국이라는 사회에서조차 생쥐 유전학의 탄생 이전에 초파리 유전학이 존재했다는 점을 잊어서는 안 된다. 이명박 전 대통령으로 인해 쥐에 대한 국민적 감정이—생물학과는 아무런 상관없이—악화일로로 치닫는 요즘, 생쥐 유전학의 역사와 현재를 차분히 돌아보며, 한국의 과학은 어떤 목표를 향해 달려가고 있는지 고민해볼 일이다.

20

토끼 — 과학자와 육종가의 교류

Oryctolagus Cuniculus

"애호되는 동물에도 위계가 존재했다. 개야말로 가장 일류의 동물로 추앙되었고, 그 아래로는 가금류나 토끼가, 가장 아래에는 쥐가 있었다."[1]

해리엇 리트보 Harriet Ritvo

생물학자들에게 토끼는 모델생물보다는 다클론항체polyclonal antibody를 만드는 도구로 인식된다. 분자생물학 연구에서 항체처럼 귀한 대접을 받는 물질은 드물다. 희귀한 항체는 금보다 비싼 값을 주고 구입하거나 그걸 만든 실험실에 아부를 해서라도 얻어 써야 한다. 토끼는 이러한 다클론항체 생산을 위해 가장 많이 사용되는 동물이다. 적당한 크기여서 사육이 용이하고, 큰 귀에 노출된 두꺼운 정맥과 큰 심장 덕분에 샘플로 많은 양의 피를 뽑을 수 있으며, 고기나 털을 목적으로 100여 년간 산업적으로 연구되어온 터라 항체 생산에 방해를 받지 않을 만큼의 쾌적한 환경에서 대규모의 사육이 가능하기 때문이다.

최근엔 항체 생산이라는 자리마저도 염소와 당나귀에게 빼앗기고 있지만, 토끼는 생물학 연구에 없으면 안 되는 소중한 동물이다. 단지 연구되지 않고 사육될 뿐이다. 즉, 토끼는 과학 연구의 목적이 아니라 수단일 뿐이라는 뜻이다. 토끼가 연구되어온 역사도 연구실에서 토끼가 다루어지는 방식과 닮아 있다.

파스퇴르와 토끼

생물학사에서 토끼가 주인공으로 등장하는 사례가 있다. 게다가 토끼를 유명하게 만든 인물은 루이 파스퇴르다. 이야기는 파스퇴르가 죽기 10년 전인 1885년으로 거슬러 올라간다.

파스퇴르 전기에서 백조목 플라스크만큼이나 유명한 것은 파스퇴르가 미친개에게 물린 조지프 마이스터Joseph Meister라는 소년에게 광견병 백신을 접종하는 장면이다. 18세기 말 에드워드 제너의 우두법이 성공한다. 제너의 성공은 널리 알려져 있었지만 우두법이 어떻게 기능하는지는 알려져 있지 않았다. 파스퇴르는 미생물의 자연발생설을 부정하며 등장했고, 저온살균법을 개발하며 미생물을 처리하는 방법도 개발한 상태였다. 또한 누에병을 일으키는 세균을 분리해서 누에병을 해결한 경험도 있었다. 이러한 연속선상에서 파스퇴르가 특정한 질병이 특정한 병원균에 의해 유발된다고 생각한 것은 이상한 일이 아니다. 그리고 그는 제너의 방법을 응용하면 병원균에 의한 질병을 예방하거나 치료할 수 있다고 판단했다.

때마침 그 생각을 검증할 기회가 왔다. 1873년 닭 콜레라가 유행해서 많은 닭들이 죽어나갔는데, 파스퇴르는 감염된 닭에서 콜레라균을 분리, 배양하는 데 성공한다. 이렇게 배양한 콜레라균을 몇 세대 배양한 후 닭에게 주입하면 닭이 죽지 않고 약한 감기 기운을 보이다가 회복했는데, 그는 약해진 병원균이 닭에게 면역반응을 일으켰다고 생각했다. 현대적으로 생각하면 다른 종의 병원균을 사용해서 얻은 면역력으로 진짜 병원균을 제압하는 제너의 우두법과, 약화된 병원균을 사용해 면역력을 얻는 파스퇴르의 백신은 다르지만, 파스퇴르는 자신이 제너가 발견한 우두법의 일반원리를 적용하고 있다고 생각했다.

마이스터가 광견병에 걸린 개에게 물렸을 때도 파스퇴르는 같은 원리로 소년을 치료할 수 있다고 생각한 것 같다. 파스퇴르는 광견병에 걸린 개의 침을 토끼에 주사한 후, 토끼의 척추신경을 분리해 말리고 이를 마이스터에게 주사했다. 광견병을 일으키는 병원균이 신경계에 침투해 있을 것이라는 그의 생각이 적중한 셈이다. 하지만 광견병은 파스퇴르가 생각한 것처럼 박테리아가 아니라 바이러스에 의해 유발되는 질병이다. 따라서 현대적 관점으로 생각해보면 그의 치료법은 무모한 일이었다. 바이러스에 감염된 토끼의 척추신경을 말린다고 해서 바이러스가 약화된다는 보장은 없기 때문이다. 여하튼 파스퇴르의 광견병 백신은 꽤나 효과적이었다고 한다. 파스퇴르는 운이 좋았다. 수십 년이 지난 후에야 광견병의 원인균이 바이러스임이 밝혀졌고, 새로운 백신이 개발되었다. 파스퇴르가 목숨을 살린 마이스터는 이후 파스퇴르연구소의 수위로 일하다 1940년 나치가 프랑스를 점령해 파스퇴르의 지하 묘실을 열라고 명령하자 자살했다.[2]

육종가와 과학자 사이

연구실에서 사육되는 대부분의 토끼는 유럽산이다. 가축화된 토끼의 기원은 여전히 오리무중이지만, 토끼는 오랫동안 유럽에서 경주용으로, 식용으로, 또한 애완동물로 사랑받았다. 토끼 사육은 19세기 말에 이미 산업화되기 시작했고, 다양한 직업군들이 이 산업에 뛰어들었다. 과학자들은 가장 나중에 토끼 연구에 착수했다.

19세기 말의 토끼 연구는 주로 토끼를 애완동물로 기르기 위해 개량하던 육종가들에 의해 이루어졌다. 다윈의 책에 등장하는 비둘기처럼 다양한 털 색깔, 털의 길이, 몸 크기, 눈 색깔 등을 가진 토끼가 만들어진 것도 이 시기다. 육종가들은 특이한 형질을 골라내어 유지시키는 일에 전념했지만—다윈의 개념으로는 인위선택—그 기저에 깔린 원리에는 관심이 없었다. 유전학자들은 멘델의 유전법칙이 재발견되는 20세기 초반에 이르러서야 육종가들이 일구어놓은 땅에 침입한다. 이미 육종가들에 의해 다양한 형질들이 마련되어 있었으니, 토끼야말로 멘델 완두콩의 동물 버전이었던 셈이다. 1915년 이전엔 유전학자와 육종가 사이의 구분이 없었다.

멘델 유전학의 모델로 토끼가 선택된 이후 육종가들과 과학자들의 교류가 빈번해졌다. 유전학회에서 관상용 토끼 선발대회에 참가하는 것은 흔한 일이었고, 육종가들이 유전학자로, 유전학자들이 육종가로 변신하는 것도 드물지 않았다. 관상용으로 다양한 토끼 종자들이 개발되자 고기나 털을 위해 산업적으로 토끼를 이용하려는 시도가 활발해졌다. 토끼의 경제적 가치가 높아지자 과학자들도 산업적으로 이용되는 토끼를 주로 연구하기 시작했다. 산업적으로 이용되는 토끼 연구가 기업가들에게 이익이 될 것이라고 홍보하면 연구비를 지원받는 게 수월했기 때문이다. 육종가들의 미학적 취미로 사육되던 토끼가 과학자와 기업가 모두에게 관심을 받는 대상이 된 것이다.[3]

과학과 계급

토끼가 과학자들의 관심을 받게 되자, 연구를 위해 토끼를 사육하는 일이 문제가 되었다. 토끼를 이용해 멘델 유전학을 연구했던 윌리엄 베이트슨William Bateson조차 토끼 사육에 익숙하지 않아 몇 년을 고생했다고 회상할 정도였다. 자연스럽게 육종가들과 과학자들 사이의 정보 교류가 필요해졌고, 이를 위한 교류의 장이 요구되었다. 이러한 요구들이 모여 세계가금학회가 구성되었는데, 이 학회에서 과학자들과 육종가들은 토끼 연구 정보를 공유할 수 있었다. 1915년 이전에는 희미했던 유전학자와 육종가의 구분도 유전학이 발달하면서 엄격하게 구분되었다. 유전학자들은 토끼를 이용해 멘델 유전법칙을 증명하려고 했고, 육종가들은 과학자들의 연구 결과를 이용해 더 나은 토끼를 만들거나, 올바른 사육법을 체계화해 과학자들의 연구를 돕는 방식이었다.

현대의 과학 연구실엔 연구원, 영어로는 테크니션technician이라는 직책이 있다. 이들은 기계를 관리하거나 동물을 돌보거나 과학자를 보조해서 다양한 업무를 수행한다. 과학자와 연구원의 업무는 때로는 매우 중첩되고 때로는 분리된다. 하지만 두 직업을 나누는 경계선은 분명히 존재하고, 특히 한국에선 이러한 연구원들이 대부분 비정규직으로 채

워져 있다. 과학 선진국인 미국에선 연구원들에 대한 대우가 한국과 다르다. 대부분의 연구원들은 정규직이며 과학자들의 훌륭한 동료로 인식된다. 연구를 잘하는 실험실엔 훌륭한 연구원들이 포진하고 있는 경우가 많다. 20세기 초반, 유전학자들과 육종가들 사이에 형성된 전통도 그런 것이었다. 한국의 경우처럼 과학자가 연구원 위에 군림하는 위계는 없었다.

19세기 말 유럽에서는 다양한 관상용 동물을 키우는 것이 유행이었다고 한다. 토끼를 비롯해 개, 고양이, 쥐, 비둘기, 닭 등이 모두 이런 관상용 동물로 선택되었다. 다윈도 《종의 기원》을 저술하며 아마추어 육종가들이 취미로 일구어놓은 지식의 덕을 본 셈이다. 육종의 역사에 흥미로운 사실이 하나 있다. 개와 토끼 육종가의 차이다. 개 육종 분야에선 족보가 아주 중요하다. 즉, 혈통과 족보를 알 수 없는 개는 아예 대회 출전권조차 가질 수 없다는 뜻이다. 족보도 모르는 개들을 교배해서 아무리 외적으로 아름다운 개를 만들어봐야 소용이 없는 것이다. 반면에 토끼와 가금류 육종의 역사에는 그런 족보 자체가 존재하지 않았다. 그래서 혈통보다는 생김새만으로 평가가 가능했다. 재미있게도 개 육종가는 대부분 중산층 이상에 속한 이들이었고, 토끼나 가금류 육종가는 가난한 농민들이었다. 두 집단의 경제적 계급 차이가 족보를 따지는 관습을 형성한 것인지 혹은 그 반대인지는 알 수 없지만, 자신들이 사육한 동물을 평가하는 기준에 따라 동물뿐 아니라 인간과 사회를 바라보는 관점에도 차이가 발생했다는 것만은 분명하다.

생물학의 역사에서 토끼는 육종가와 과학자 사이에 놓여 있다. 능력만으로 사람이 평가되는 공정한 사회는 건강하다. 하지만 반대로 한 개인이 자신의 능력이 아닌 배경으로 우선 평가되는 사회는 건강하지 않다. 공정한 사회를 만들자는 말들이 많다. 하지만 우리 사회는 여전히 한 사람을 그 사람이 속한 핏줄로 선택하고 평가하는 것 같다. 사람을 평가할 때는 아름다운 토끼를 만들고 평가하던 육종가들을 생각할 일이다.

21

비둘기—실험은 실패하지 않는다

Columba livia

"《종의 기원》의 대부분의 페이지들마다 증거가 부족해서 정말 감질나더군요."

위트웰 엘윈 Whitwell Elwin(《종의 기원》의 편집자 중 한 명)

"(그 증거는) 당연히 비둘기겠지요."

찰스 다윈(《종의 기원》을 읽은 편집자의 반응에 대한 답신 중에서)

부당하게 얻은 권력을 유지하기 위해 전두환은 스포츠라는 도구로 국민의 오감을 현혹했다. 집권한 지 2년 만인 1982년엔 프로야구를 개막했고, 1986년엔 아시안게임을 유치했으며, 1988년엔 성대하지만 무리하게 올림픽을 치렀다. 1980년, 광주의 수많은 무고한 시민들을 학살하고도 그에겐 올림픽 개막식에서 평화의 상징인 흰 비둘기 수천 마리를 날려보낼 파렴치함이 있었다. 2012년 〈타임〉은 1988년 서울 올림픽 개막식을 최악의 개막식으로 선정했다. 온라인 기사에 첨부된 동영상엔, 성화를 점화할 때 불에 타버리는 비둘기들이 찍혀 있었다. 1992년 바르셀로나 올림픽 개막식에선 비둘기가 사라졌고, 그 전통은 여전히 이어지고 있다.

다윈의 선택, 비둘기

《종의 기원》 1장의 제목은 '사육과 재배하에서 발생하는 변이'이다. 대중적으로 알려진 바에 따르면, 다윈은 자연선택에 대한 아이디어를 비글호 항해 도중 갈라파고스에서 핀치새의 부리를 관찰한 후에 고안해냈다. 하지만 위대한 《종의 기원》은 사육과 재배하에서 발생하는 변이에 대한 이야기로 시작한다. 바로 1장에서 '인위선택'이라는 개념이 '자연선택'에 유비되는 것이다. 1장 4절의 제목은 '집비둘기의 종류 및 그들의 차이와 기원'이다. 게다가 다윈은 책의 서문에 '특별한 집단을 연구하는 것이 언제나 최선이라는 확신을 가지고, 숙고를 거듭한 끝에 나는 집비둘기를 선택하기로 결심했다'라고 썼다. 요약하자면, 인위선택이라는 개념은 《종의 기원》이 출판될 수 있었던 결정적인 증거를 제공했고, 그 비유를 위해 간택된 동물이 바로 비둘기였던 셈이다.

1836년 비글호 항해에서 돌아온 다윈은 1854년 무렵까지도 '종의 기원'에 관한 문제에 골몰하고 있었다. 1859년 《종의 기원》을 집필하고 난 이후인 1868년, 다윈은 《가축 및 재배식물의 변이》라는 책을 출판했다. 다윈의 저술에서 가축화된 동물과 식물에 대한 그의 유별난 관심을 찾는 것은 어려운 일이 아니다. 다윈은 이러한 관심의 이유를 그의 과학적 조언자였던 찰스 라이엘Charles Lyell의 작업에서 찾았다.

《지질학 원리Principles of Geology》라는 저술로 유명한 라이엘은 '현재는 과거의 열쇠이다'라는 말로도 유명하다. 그는 당시 지질학계에서 논쟁의 중심에 있던 '천변지이설'에 맞서 '동일과정설'을 주장했다. 현재가 과거의 열쇠라는 말에는 지금 지구상에서 일어나고 있는 지질학적 현상이 과거에도 똑같이 일어났을 것이라는 가정이 담겨 있다. 이러한 라이엘의 동일과정설은 점진적 변이를 주장한 다윈의 진화론에도 이론적인 영향을 끼쳤다.

다윈이 가축화된 동식물에 대해 지대한 관심을 갖게 된 것도 라이엘의 영향이었다. 과거로 돌아가지 않는 이상 관찰할 수 없는 지질학적 변이를 증명하기 위해 라이엘이 현재 일어나고 있는 지질학적 현상들을 증거로 활용했듯이, 다윈도 수억 년의 진화 과정을 관찰할 수 없었기 때문에 가축화된 동식물의 변이를 증거로 활용하려 한 것이다. 즉, 찰스 라이엘의 이론과 방법론적 선택 모두가 다윈의《종의 기원》에 영향을 끼친 셈이다.

다윈이 가축들로부터 자연선택의 증거를 찾으려 했을 때, 그에게 주어진 선택지는 여럿이었다. 그는 실제로 돼지, 개, 거위 등을 길렀고 그의 화단엔 수많은 채소들이 가득했다고 한다. 하지만 그는 결국 비둘기를 최고의 모델로 선택했다. 1854년까지 다윈은 비둘기에 대해 아는 것이 거의 없었는데도 말이다. 다윈은 왜 비둘기를 선택한 것일까? 분명한 것은 만약 다윈이 비둘기 대신 돼지 혹은 양이나 닭을 선택했다면《종의 기원》의 상당 부분이 달라졌으리라는 점이다.

비둘기라는 행운

비둘기 사육은 다른 가축 사육과 한 가지 점에서 다르다. 다른 사육가들은 주로 농부였지만 비둘기 사육가들은 순수한 육종가였다. 즉, 농부들도 때때로 멋지게 보이는 가축을 만들기 위해 육종을 시도하긴 하지만, 대부분 고기나 털 따위를 더 많이 얻으려는 실용적 목적에서 육종을 바라본다. 반면, 비둘기 사육가들은 순수하게 미학적인 이유를 위해 그 어떤 실용적 목적도 없이 비둘기들을 교배하고 사육했다. 게다가 영국에서는 이미 18세기에 상류층에서 비둘기 클럽이 널리 유행하고 있었다. 기록에 의하면 빅토리아 여왕조차 화려한 비둘기들을 수집했다고 한다.[1]

비둘기는 다윈이 속해 있던 영국 상류층에게는 익숙한 동물이었다. 지역마다 비둘기 전시회가 열렸고, 비둘기를 거래하는 큰 시장이 형성되어 있었다. 특히 조류학자 윌리엄 야렐William Yarrell이 계속해서 다윈을 설득했다. 이유야 어쨌든 다윈이 비둘기를 선택한 것은 절묘한 행운을 가져왔다. 오랫동안 고심했던 종의 기원과 자연선택의 다음 문제들을 푸는 데 비둘기는 꼭 맞아떨어지는 모델이었기 때문이다.

첫째, 다윈의 진화론에서 중요한 개념인 공통조상의 문제가 해결될 수 있었다. 왜냐하면 비둘기 사육가들의 비실용적인 취미와 고집 덕분에 각각 다른 종처럼 보이는 비둘기들이 '바위비둘기*Columba livia*'라는 하나의 계통에서 비롯되었음을 추적할 수 있었기 때문이다. 현재 보이는 종들이 모두 달라 보이지만 하나의 공통조상에서 비롯되었다는 다윈의 이론과 정확히 맞아떨어지는 부분이다.

둘째, 육종가들이 새로운 종을 만드는 방식이 그의 자연선택과 정확히 일치했다. 육종가들은 새로운 종을 만들기 위해 서로 다른 종을 '교배cross'하고 교배된 계대를 유지하기 위해 '동종교배inbreeding'시킨다. 다윈의 자연선택에서도 교배에 의해 다양한 변이variation가 만들어지고, 지리적 고립이나 다른 이유에 의해 변이가 유지isolation되는 과정이 중요하다. 특히 육종가들에게 널리 알려진 것처럼 육종의 핵심은 '선택' 과정이었다. 다윈의 진화론에서도 가장 중요한 과정은 자연선택이다.[2]

하지만 다윈이 비둘기를 통해 진정으로 밝히려고 한 것은 유전의 문제였다. 유전, 즉 특정 형질의 대물림 문제는《종의 기원》을 집필하면서 다윈을 끊임없이 괴롭힌 문제이자, 다윈이 끝끝내 풀지 못한 수수께끼였다. 다윈은 이 문제를 해결하기 위해 비둘기 육종가들과 수없이 토론하고, 스스로도 많은 실험을 수행했지만 결국 풀어내지 못했다. 대물림의 문제는 20세기 초 멘델의 유전법칙이 재발견되기 전까지《종의 기원》이 다양한 진화론의 한 갈래에 불과했고, 또 진화종합이 이루어지는 1930년대까지도 멘델 유전학자들과 다윈 진화론자들이 논쟁했던 이유가 된다.

실험이라는 과학의 미덕

지금은 실험실에서 진화 실험을 수행하는 과학자들을 흔히 찾아볼 수 있다. 한 세대가 10일에 불과한 초파리를 수백 세대 유지시키는 실험이나, 박테리아를 이용한 진화 실험은 다윈의 이론을 지지하는 훌륭한 증거들이 된다. 하지만 다윈의 시대엔 진화를 실험으로 증명한다는 것이 쉽지 않았다. 자연선택의 기제를 설명하기 위해 필수적이었던 대물림의 과정은 완전한 신비에 둘러싸여 있었다. 게다가 앨프리드 러셀 월리스Alfred Russel Wallace라는 젊은 학자가 비슷한 아이디어를 내놓은 상황에서 다윈이 선택한 것은 바로 비둘기였다. 다윈의 인위선택은 실험을 대신하는 일종의 비유로 사용된 것이다. 그리고 비둘기는《종의 기원》이라는 과학의 대발견, 그 중심에 놓여 있다.[4]

과학의 이론은 실험적 증거들을 통해 끝없이 검사되고 변해간다. 실험은 절대 실패하는 법이 없다. 실패한 실험조차 차후의 실험을 계획하는 데 도움이 되기 때문이다. 민주주의라는 거대한 실험도 마찬가지다. 한국은 독재라는 실험을 몇 번이나 경험했고 그로부터 큰 교훈을 얻었다. 실험은 실패하지 않는다. 다윈이 고심 끝에 선택했던 비둘기, 그 선택의 이유가 된 실험적 증거라는 과학의 미덕은 우리가 왜 다시는 독재를 경험해서는 안 되는지에 대한 좋은 근거가 된다.

22

고양이—심리학과 생물학 사이

Felis catus

"고양이와 함께한 시간은 전혀 아깝지 않았다"

지그문트 프로이트

과학사에서 고양이는 생물학보다 물리학에서 더 사랑받는다. 물리학자 슈뢰딩거가 고안한 '슈뢰딩거의 고양이'는 일종의 사고실험으로, 양자역학의 불완전함을 보여주는 은유다. 이 사고실험에서는 양자역학적 법칙에 의해 확률적으로만 계산되는 미시적 사건이 거시적 세계에 영향을 미칠 때 일어나는 모순이 드러난다. 슈뢰딩거가 왜 하필 고양이를 예로 들었는지는 알 수 없다. 아마도 상자 안에서 죽었는지 살았는지 모를 정도로 아주 조용히 앉아 있을 동물로 떠올린 것이 고양이였던 모양이다.

고양이의 시대

고양이는 약 1만 년 전 근동 지역에서 가축화된 것으로 추정된다. 언제부터 생물학자들이 고양이를 모델생물로 사용했는지는 알 수 없다. 하지만 언젠가부터 신경생물학자와 실험심리학자에게 고양이는 중요한 실험도구가 되었다. 특히 인지과학이 태동하는 1980년대를 전후로 약 30~40년간 고양이를 모델로 신경계의 구조와 기능, 시각정보의 처리에 관한 혁명적인 연구들이 쏟아져 나왔던 것은 분명하다.

고양이가 가장 자주 이용되는 과학 분야는 시각신경생리학visual neurophysiology이다. 심리학과 생물학의 경계에 걸쳐 있는 이 분야는 '우리가 어떻게 보는가?' 혹은 '우리는 어떻게 할머니의 얼굴을 다른 사람의 얼굴과 구별할 수 있는가?'와 같은 철학의 오래된 주제를 과학적으로 탐구한다. 지난 수십 년의 연구를 통해 시각신경생리학은 광학적으로 입력된 영상이 어떻게 뇌 속에서 전기적으로 변환되고, 이러한 전기신호가 처리되는지에 관한 수많은 데이터를 축적해왔다. 철학자 데카르트와 《광학》을 집필한 뉴턴까지 거슬러 올라가는 시각신경생리학의 전통에는 헬름홀츠를 비롯한 수많은 물리학자들이 포진하고 있다.

현재는 인지신경과학cognitive neuroscience이라는 이름으로 불리고 있지만, 과거에는 실험심리학으로 때로는 신경생리학 혹은 인지과학으로 불리기도 했다. 또한 컴퓨터과학자부터 물리학자, 생물학자, 심리학자 등 다양한 배경을 가진 과학자들이 함께하는 융합 학문의 최전선에 위치하고 있기도 하다. 인간의 의식을 과학적으로 연구한다는 것이야말로 다학제 간 프로그램이 아니면 불가능한 일이기 때문이다.

비셀, 허블, 스페리의 고양이

1981년 노벨생리의학상은 토르스텐 비셀Torsten Wiesel, 데이비드 허블David Hubel, 그리고 로저 스페리Roger Sperry에게 돌아갔다. 비셀과 허블은 '시각계의 정보처리 과정'을 발견한 공로를, 스페리는 '대뇌반구의 기능적 구획화'를 밝힌 공로를 인정받았다. 로저 스페리는 '분할뇌split brain' 연구로 대중에게도 유명한 과학자다. 간질 환자와 정상인을 대상으로 한 분리뇌 연구 혹은 좌뇌와 우뇌의 기능적 차이에 관한 문건엔 언제나 로저 스페리라는 이름이 등장한다.

분할뇌 환자, 즉 중증의 간질 환자들 가운데 할 수 없이 뇌량을 절단한 환자들의 뇌는 좌뇌와 우뇌가 서로 소통할 수 없다. 이 환자들의 경우 오른쪽 망막에 전달된 정보와 왼쪽 망막에 전달된 정보가 서로 다른 방식으로 처리되는데, 예를 들어 오른쪽 눈으로 전달된 자극은 언어 반구가 있는 왼쪽 뇌로 전달되기 때문에 언어로 대답이 가능하지만, 왼쪽 눈으로 전달된 자극은 인지는 하지만 대답은 할 수 없는 상태가 된다. 이런 방식으로 스페리와 그의 대학원생이었던 마이클 가자니가Michael Gazzaniga는 보기는 하나 대답할 수는 없고 손으로 가리킬 수만 있는, 혹은 고르긴 하나 이름을 말할 수는 없는 등의 의식상태가 존재함을 밝혔다. 이는 우리가 의식하지 못하는 지적 활동이 뇌 속에서 벌어지고 있으며, 이해하는 과정과 그것을 언어로 표현하는 과정이 분리되어 있음을 의미한다.

분할뇌 환자의 경우 좌뇌와 우뇌가 독립적으로 가진 기능을 연구할 수 있어서 흔히 로저 스페리는 좌뇌와 우뇌라는 대중적 통속심리학의 선구자로 거론되곤 한다. 이성적 좌뇌와 감성적 우뇌라는 잘못된 믿음이 미디어를 통해 걷잡을 수 없이 확산된 것은 스페리와 가자니가의 연구 결과가 너무나 선명하게 흥미로운 사실들을 전해주었기 때문이다. 하지만 좌뇌/우뇌 이론에 근거한 교육공학은 대부분 사기에 가깝다고 봐도 무방하다. 인간의 뇌는 그렇게 단순하지 않다. 자녀에게 좌뇌/우뇌 교육을 시키려는 부모들에게 스페리의 제자였던 가자니가의 《뇌로부터의 자유Who's In Charge?》부터 일독할 것을 권하고 싶다.

스페리의 분할뇌 연구의 단초를 제공한 실험에 사용된 바로 고양이였다. 영장류생물학연구소에서 활동하던 시절 그는 '양안간 전이interocular transfer'라는 현상에 관심을 가졌다. 양안간 전이란 한쪽 눈으로만 어떤 정보를 학습했는데 다른 쪽 눈도 학습이 되는 현상을 말한다. 스페리는 양안간 전이가 어떻게 일어나는지를 알아보기 위해 고양이의 뇌량을 절단했다. 뇌량이 절단된 고양이는 한쪽 눈으로 삼각형과 사각형을 구분하는 학습을 다른 쪽 뇌로 전달하지 못했다. 이 실험이 스페리로 하여금 뇌량으로 연결되지 않으면 좌뇌와 우뇌는 기능적으로 분리된다는 믿음을 갖게 했다.

할머니 세포

스페리가 좌우 반구의 기능적 분리를 발견했다면, 허블과 비셀은 시각정보의 처리과정에서 각 신경세포가 특정한 자극에 특수화되어 있는 현상을 발견했다. 현재 인지신경과학의 기본적인 연구프로그램이 된 '기울기 선호성orientation selectivity'이란 시각피질의 각 세포들이 선호하는 빛과 선의 기울기가 세포에 따라서 다르다는 것이다.[1]

이들은 기울기 선호성을 기초로 지각의 과정에 대한 '위계 이론'을 제창했다. 즉, 망막으로부터 시각피질로 이어지는 각 단계의 세포들은 영상의 국부적인 특징들을 추출하고, 서로 연결되는 단계를 통해 추출된 정보들이 정교화된다는 것이다. '망막-외슬체-시각피질'로 이어지는 각 조직에는 단순세포와 복합세포, 초복합세포들이 존재하고, 1차 시각영역에서 2차 시각영역으로 이동할수록 더 복잡한 정보를 처리할 수 있는 위계가 형성된다.

이러한 위계 이론을 확장하면 영장류 이상의 고등 시각영역에는 좀 더 복잡한 정보를 처리할 수 있는 세포의 존재 가능성이 열린다. 즉, 할머니에 부합하는 영상에만 반응하는 세포가 존재할 수도 있다는 뜻이다. 이를 '할머니세포 가설'이라고 부른다. 실제로 원숭이의 고등 시각영역에는 '얼굴', '손' 등의 자극에만 반응하는 세포들이 존재하는 것으로 알려져 있다.

할머니세포란 아주 특별하고 복잡하며 의미있는 자극에만 반응하는 신경세포를 뜻한다. 할머니세포라는 말은 1970년대 신경과학 저널에서 농담처럼 번지다가 현재는 패턴 인식을 다루는 인지신경과학자들에게 전문적인 용어로 정착했다. 이 용어를 처음 만든 인물은 제롬 렛빈Jerome Lettvin이라는 MIT의 인지신경과학자였는데, '지각과 지식의 생물학적 기반'이라는 강의에서 어머니를 인지하는 세포를 모두 잃은 한 신경외과의사를 예로 들면서 할머니세포라는 말이 유행하기 시작했다고 한다. 훗날 예지 코노르스키Jerzy Konorski라는 과학자가 실제로 '식별세포gnostic cells'라는 명칭으로 1967년 비슷한 아이디어를 이미 발표했음이 알려졌다. 할머니세포와 위계 이론을 둘러싼 논쟁은 여전히 진행 중이다.

고양이를 둘러싼 인지신경과학은 요즘 한국에서 유행하는 융합과 창조가 벌어지는 다학제 간 학문이다. 이를 반증이라도 하듯이, 이 분야에 몸담은 많은 학자들은 좁은 과학의 테두리를 넘어 철학과 윤리학으로 심심찮게 전향을 시도하기도 한다. 한국의 과학자에게서는 찾아보기 힘든 경력이다. 학문의 특징 때문일까, 로저 스페리도 말년에는 자신의 뇌에 관한 연구를 바탕으로 과학과 가치관에 관한 다양한 저술에 매진했다.[2] 그는 과학자로서 과학이 주는 가치를 잃지 않으면서 어떻게 우리가 과학이 발견한 사실들로 윤리적 사회를 구축할 수 있는지를 고민했다. 고양이 연구로 노벨상에 이른 과학자이자 말년의 철학자 스페리의 말로 마무리한다.

"우리들이 정신적, 인지적 또는 영혼적인 실체들을 포함한 의식과 주관성을 새로이 인정한다는 것이 물질과 독립된 정신이나 영혼에 대해 과학이 문을 열어놓은 것을 뜻하는 것이 아님을 강조해야겠다. 새로운 거대정신적 미래관의 강점이며 그 새로운 전망은 사실 그 정반대편에 있다. 즉 그것은 우리들로 하여금 비과학적인 영역으로부터 우리들의 궁극적 가이드라인을 분리시켜서 그에 따르는 사회적 가치관을 확립하며, 그것들을 지식과 진리의 보다 실재적인, 즉 과학과 경험적 확증이 일치되는 영역에 뿌리내리도록 하는 것이다."[3]

23

양—복제의 그늘

Ovis aries

"돌리의 탄생은 수많은 사람들의 감정선을 자극했다. 1997년 논문에 대한 언론의 관심은 기념비적인 사건이었다. 왜 그리들 관심이 많았을까? 과학 때문일까, 아니면 복제기술의 적용가능성 때문일까, 단순히 공상과학 소설에 등장하는 발견이었기 때문일까, 그것도 아니면 당시 별다른 뉴스거리가 없었기 때문일까? 1996년 논문에서 메건과 모랙이 탄생했을 때도 영국 신문들은 이 소식을 보도했지만, 다른 중요한 뉴스들 때문인지 논란은 곧 묻혀버렸다."[1]

키스 캠벨 Keith Campbell

대부분의 반려동물은 이름이 있다. 하지만, 가장 유명한 이름 '돌리'는 반려동물의 것이 아니다. 개나 고양이가 아닌 복제된 양의 이름이다. 1997년 〈네이처〉는 여섯 살 암컷 양의 젖샘세포핵을 난자에 치환시켜 얻은 체세포 복제양이 탄생했다고 알렸다. 돌리는 과학의 영역을 넘어 종교계와 사회 각 분야에서 윤리적 논쟁으로 번졌지만, 정작 논문의 교신저자였던 이언 윌머트Ian Wilmut는 논문의 말미에서 돌리의 탄생이 포유류에서 최초로 '유전체 동등성genomic equivalence'을 증명한 성과라는 건조한 표현을 사용했다.

> "몸 안에 있는 대부분의 세포에서, 또 수정란 때부터 분화세포가 될 때까지 얼마의 시간이 지났는지에 상관없이 체세포핵 내 DNA 속에서는 완벽한 개체를 발생시킬 수 있는 능력이 그대로 간직되어 있다."[2]

유전체 동등성이란 성체의 다양한 세포들이 동일한 유전체로부터 비롯되었다는 생각이다. 만약 서로 다른 세포의 표현형이 동일한 유전형에서 기원한다면, 모든 세포의 유전체는 개체를 발생시킬 수 있는 정보를 동등하게 지니고 있다는 말이 된다. 이를 증명하는 가장 좋은 방법이 바로 성체 세포의 유전체를 이용해 새롭게 복제된 개체를 만드는 것이다. 윌머트 박사의 연구팀은 포유류에서 이 가설을 증명했다.

연속된 거짓 성공들

유전체 동등성과 복제생물 때문에 발생학 교과서는 판을 거듭할수록 빠르게 수정되고 있다. 식물의 꺾꽂이, 접목, 조직배양 등의 영양생식과 동물 복제는 같은 원리다. 이미 식물에서는 아주 오래전부터 잎의 조직을 따로 배양해서 새로운 개체를 만들 수 있었다. 식물은 가능한데, 왜 동물은 불가능한지를 깊이 탐구한 과학자는 열렬한 나치당원이기도 했던 한스 슈페만Hans Spemann이다. 1938년 슈페만은 초기 배 단계의 세포핵을 다른 난자에 이식하는 핵이식 실험을 제안했다. 그로부터 14년 후, 미국 필라델피아에서 로버트 브릭스와 토머스 킹에 의해 표범개구리 핵이식이 성공했다. 하지만 이식된 핵은 체세포에서 비롯된 것이 아니었다.

1966년에는 영국 케임브리지 대학의 존 거던John Gurdon 연구팀이 아프리카발톱개구리를 이용해 최초로 성체 세포의 핵을 난자에 이식해서 개체복제에 성공했다고 발표한다. 하지만 성체세포주로 이용된 올챙이의 장세포 속에 배아세포가 포함되어 있다는 반론이 있었고, 거던은 이 반론을 잠재우고자 개구리 물갈퀴 세포를 사용했으나 복제에 실패했다. 알 수 없는 이유로, 개구리 체세포의 핵으로는 새로운 개체를 발생시킬 수 없었던 것이다.

거던의 실패 후 복제 실험의 발전은 더디게 진행되다가 1981년 제네바 대학의 연구진에 의해 생쥐의 체세포 복제 성공이 〈셀〉에 발표되었다. 하지만 이 논문은 가짜로 판명되었고, 결국 동물 최초의 체세포 복제 성공은 중국 연구자들에 의해 1984년 물고기에서 이루어졌다. 하지만 1997년 체세포 핵이식을 통해 돌리가 탄생하기 전까지, 포유류에서의 체세포 개체발생은 불가능한 것으로 알려져 있었다.

체세포 개체복제와는 달리, 배아세포를 이용한 개체복제 연구는 꾸준히 발전하고 있었다. 동시에 배아세포 연구에서 얻어진 지식과 기술의 진보가 있었다. 마이크로 피펫을 이용한 핵이식 기술과 전기융합을 통한 수정란 활성화 방법이 발명되었다. 1991년엔 핵이식에 사용되는 핵과 탈핵된 수정란의 발생단계를 맞추어야 한다는 가설이 제시되었고, 이를 위한 기술적 진보가 이루어졌다. 돌리는 이러한 모든 기술의 총체적 결과로 탄생했다. 슈페만의 제안으로부터 정확히 59년 후에야, 포유류의 유전체 동등성이 힘겹게 증명된 셈이다.

현대에 과학지식의 진보는 기술적 진보에 의존한다. 돌리의 성공은 포유류 체세포 복제를 위한 기술적 난제들이 해결되었음을 알리는 신호였으며, 이를 증명이라도 하듯이 1998년 일본과 뉴질랜드에서는 소를, 미국에서는 쥐를, 그리고 1999년 한국에서는 황우석 연구팀이 성체 분화세포를 이용한 복제소 영롱이를 성공시켰다.

잊힌 이름들: 캠벨, 메건, 모랙, 폴리

돌리와 언제나 함께 등장하는 과학자의 이름은 이언 윌머트이다. 1997년 스코틀랜드의 로슬린연구소에서 돌리의 논문이 출판되었고, 당시 교신저자가 그였기 때문이다. 하지만 2006년 윌머트 교수는 에든버러 노동심판소에서 자신은 "양 복제와 관련된 기술을 개발하거나 실험을 직접 실행하지 않았으며" 단지 연구를 감독하기만 했다고 고백하고, 돌리를 만드는 데 가장 공헌한 과학자는 키스 캠벨이며 "그가 논문에 66% 이상 기여했다"고 말했다. 당시 윌머트는 인도 출신의 연구원이 제기한 아이디어 도용 손해배상 소송으로 인해 법정에 섰다. 돌리 논문을 둘러싼 기여도 공방은 여전히 진행 중이지만, 적어도 논문의 제1저자였던 키스 캠벨의 공헌에 대한 이견은 없다.

키스 캠벨은 1954년 영국 버밍햄에서 태어났다. 런던에서 미생물학을 공부한 후, 그는 세포분열과 암 발생에 관심을 가지고 여러 연구기관을 전전했다. 주로 양서류와 효모의 세포분열을 연구하던 그가 왜 포유류 복제에 관심을 가지게 되었는지는 확실하지 않다. 캠벨은

2007년, 돌리 이후 10년을 회고하는 에세이에서 그 이유는 존 거던의 양서류 복제와 제네바 대학의 생쥐 복제에 깊은 감명을 받았기 때문이라고 서술했다. 하지만 그 이유만은 아니었을 것이다. 1997년 논문을 내기 전까지 그의 연구생활은 그다지 안정적이지 못했기 때문이다. 아마도 로슬린연구소로의 이적도 그가 처한 경제적 상황과 관심 연구 사이에서의 최선의 선택이 아니었나 추측해본다.

로슬린연구소에서 윌머트 박사를 만난 후, 세포분열에 관한 그의 아이디어와 윌머트 연구팀의 포유류 복제기술을 접목해서 1995년 그가 처음으로 내놓은 작품은 돌리가 아니라, 메건Megan과 모랙Morag이라는 복제된 산양이었다. 이 산양 두 마리는 배양된 채 분화된 배아세포의 핵을 난자에 이식해 얻은 최초의 포유류 복제동물이었다. 비록 개체발생 과정이 아니라 시험관에서 분화된 세포였지만, 이 실험으로 성체 체세포의 핵을 통한 개체복제가 가능하리라는 믿음이 생겼고 그 다음해 바로 돌리가 탄생한다.

돌리의 탄생 이후 캠벨은 로슬린연구소에서 분화한 생명공학회사 PPL Therapeutics로 소속을 옮긴다. PPL은 메건과 모랙의 성공 이후 로슬린연구소에 많은 연구자금을 지원한 기업이다. 소속을 옮긴 후 그는 1년 만인 1998년, 최초의 체세포 핵치환으로 얻어진 유전자전환 복제양을 개발한다. 폴리Polly라고 이름 붙여진 이 복제양은 'Factor IX'라는 인간 단백질을 젖에서 생산하도록 조작된 동물이었다. 이 단백질은 혈우병을 예방하는 것으로 알려져 있다. 1999년 그는 PPL을 떠나 노팅엄 대학에 정착해서 죽기 전까지 세포분화의 기초를 연구했다.

핵이식 연구에 대한 동기는 순전히 과학적 호기심이었다고 그는 회고했다. 즉, 체세포 유전체가 재프로그래밍되어 핵이식으로 새로운 개체를 생산할 수 있으리라는 믿음이 돌리를 만들게 했다는 것이다. 하지만 돌리의 탄생 과정을 연구한 많은 사회학자는 그 이면의 경제산업적 동기를 지적한다. 그럴지도 모른다. 연구비를 따라 불안정한 연구원 자리를 전전하던 과학자에게 인간복제를 통해 떼돈을 벌겠다는 욕심은 아닐지언정, 적어도 안정적인 일자리를 갖고자 하는 경제적 원인은 있었을 게다. 하지만 제약회사에서의 짧은 2년을 마치고 다시 노팅엄 대학으로 돌아가 기초연구에 평생을 바친 과학자의 고백을 의심하기는 어려울 듯싶다.

2005년 황우석이라는 이름이 줄기세포의 대명사가 되면서 우리는 이름 없는 수많은 과학자들을 잊어버렸다. 돌리도 마찬가지였다. 돌리로 인해 스타가 된 이는 윌머트였고, 언론은 로슬린에서 윌머트 아래에 있던 캠벨을 거들떠보지 않았다. 돌리를 둘러싼 지저분한 고소, 고발 사건들도 황우석 사태와 닮았다. 하지만 복제된 세포주조차도 찾을 수 없던 황우석과 달리, 양의 체세포 복제만은 진실이었다. 복제양 돌리의 탄생 이면엔 불안정한 상태에서도 순수하게 과학의 열정을 추구한 캠벨이, 언론에 휘둘리지 않고 묵묵하게 연구하며 과학자의 연구진실성을 지킨 캠벨이 있었다. 그것이 여전히 복제양 돌리 연구가 과학자들에게 인정받는 이유다.

언젠가 〈뉴욕타임스〉와의 인터뷰에서 그는 이렇게 말했다고 한다. "섹스가 아이를 가지는 데 제일 좋은 방법이지요. 클로닝은 섹스에 비하면 너무 비싸고 재미도 없어요." 돌리의 복제가 가져온 종교적, 윤리적 파장에 대한 과학자의 소박한 응답이었다. 그는 복제가 가져온 사회적 파장을 분명히 인지하되, 과학적 진보는 지키고, 인간복제는 막고 싶어했던 소박한 인간이었다.

24

돼지—숭배와 혐오

Sus scrofa domesticus

"돼지는 인간에 의해 가장 먼저 사육된 동물의 하나로 인간의 집에 살면서 인간과 역사를 같이해왔다. 중국의 집을 의미하는 글자인 '가家'자는 돼지가 집 안에 들어가 있는 형상으로 돼지는 고대부터 인간의 집에서 인간과 함께 살아왔음을 알 수 있다."[1]

김인회

돼지에 대한 인류의 관념은 숭배와 혐오로 극명하게 구분된다. 농경문화권인 동아시아와 동남아시아, 유럽에서 돼지는 신성한 동물로 여겨지며 결혼이나 축제와 같은 행사에 사용되는 중요한 제물이다. 반면 잘 알려진 것처럼 중동 지역에서 돼지는 부정한 동물이다. 마빈 해리스는《문화의 수수께끼》라는 책에서 이를 '생존을 위한 생태학적 전략의 하나'로 소개한다. 기후조건이 척박한 중동 지역에서 곡물을 먹고 자라는 돼지는 인간의 생존에 오히려 위협이 되었으므로 이를 해결하고자 종교적으로 금기의 대상이 되었다는 뜻이다.

한국과 중국에서 돼지는 굿이나 고사를 지낼 때 가장 중요한 제물로 사용되며, 돼지머리를 놓고 지내는 고사는 현대에 이르러서도 사라지지 않는 관습이다. 한국사회에서 돼지꿈은 복권 구입의 청신호가 되며, 돼지저금통에 동전을 넣어 저축하는 관습은 돼지가 복을 상징한다는 것을 잘 보여준다. 하지만 돼지는 숭배의 대상에서 단순한 제물로 변해갔다. 더럽거나 게으른 것을 돼지와 연관짓는 전통은 고려시대 불교의 영향으로 보인다.[2]

아버지들의 아버지

베르나르 베르베르는《아버지들의 아버지》라는 소설에서 인류의 기원이 동굴에 갇힌 원숭이와 돼지의 잡종이라는 허풍을 늘어놓는다. 베르베르의 상상력을 자극할 만큼 돼지는 인간과 가깝다. 약 9,000년 전에 중국과 근동 지역에서 각각 멧돼지가 가축화되기 시작했다고 알려졌으며, 최근의 미토콘드리아 DNA 추적 결과에 따르면 적어도 6개 이상의 지역에서 독립적인 돼지 가축화 시도가 있었던 것으로 보인다.[3] 현재 사육되고 있는 돼지는 8억 마리에 이르는 것으로 알려져 있다. 돼지의 유전체는 19쌍의 염색체, 약 2만 6천 개의 유전자와 26억 개의 염기쌍으로 이뤄져 있다.

'가家'자에 돼지가 숨어 있을 정도로, 돼지는 인간과 밀접하다. 돼지의 인슐린은 인간과 아미노산 서열 1개만이 달라서, 초기 당뇨병 치료를 위해 수많은 돼지의 췌장이 희생되었다. 이를 반증이라도 하듯이, 이종장기이식 연구에서 가장 유망한 동물이 바로 돼지다.

인간의 수명이 증가하면서 장기이식의 필요성은 급격히 증가하고 있지만, 인간의 선의를 믿기엔 공여 장기의 수급불균형이 매우 심각한 상황이다. 국립 장기이식관리센터에 따르면 2008년을 기준으로 고형 장기는 겨우 10% 정도의 이식 건수를 기록하고 있으며, 사후 장기기증운동의 확산에도 불구하고 이 불균형은 해소되지 않는 실정이다. 공여 장기의 수급불균형은 결국 불법 장기매매를 통한 지하경제를 활성화시키며, 벼랑으로 몰린 사람들이 스스로의 장기를 팔아야만 하는 비극을 초래한다.

미니돼지가 장기이식의 유망주로 떠오르는 이유는 돼지의 생리, 해부학적 특징이 영장류를 제외하고 인간과 가장 닮았기 때문이다. 영장류를 이용한 이종장기이식은 번식 기간이 길고 대량 사육이 불가능하며 멸종위기종이 많아 현실적으로 불가능하다. 반면, 미니돼지는 인간과 장기의 크기가 비슷하다는 장점이 있고, 특히 돼지는 인간과 오랜 기간 함께 생활하며 인간의 환경에 적응했기 때문에 인간에게 치명적인 감염원을 보유할 가능성이 낮다. 이런 상황에서 돼지를 이용한 이종장기이식은 당뇨병, 낭포성섬유증 및 퇴행성 뇌질환을 치료하는 큰 산업적 가치를 지닌 분야로 떠오르고 있다. 물론 그 산업적 가치를 창출하기 위한 노력의 부산물로 기초적인 과학적 지식도 성장한다. 돼지를 이용한 이종장기이식 연구야말로 면역학의 금자탑이라고 할 수 있다. 이종장기이식은 다양한 면역반응을 억제할 수 있을 때 가능하기 때문이다.

숭배와 혐오

인간 체세포 복제로 황우석 연구팀이 물의를 일으키기 전, 황우석은 무균돼지 복제에 성공했다며 직접 새끼 무균돼지를 받는 장면으로 국민의 심금을 울리는 드라마를 연출한 바 있다. 물론 훗날 그 돼지는 시카고 의대 김윤범 교수에게서 제공받은 것으로 알려졌고, 언론의 화려한 조명에도 불구하고 이 무균돼지를 이용한 논문은 단 한편도 출판되지 않았다. 숭배는 혐오로 형질전환되었다.

2008년 광우병 사태는 역설적으로 돼지고기 수입의 신호탄이 되었다. 전 국민이 사랑하는 삼겹살을 공급하기 위해 한국은 네덜란드, 덴마크, 벨기에, 핀란드, 헝가리 등 16개국에서 돼지고기를 수입한다. 한국인의 식탁은 '세계 삼겹살의 경연장'으로 불린다. 2010년에는 구제역 파동으로 수백만 마리의 돼지가 산 채로 땅에 묻혔다. 농가와 그다지 떨어지지 않은 땅에 포크레인과 불도저로 살아 있는 돼지들을 땅에 파묻는 장면이 생생하게 보도되었음에도 돼지고기 수요는 잠시 주춤했을 뿐, 다시 회복되었다. 숭배와 혐오는 공존한다.

인류는 돼지를 게으름과 외모를 비하하는 상징으로 사용하면서도 돼지 없이는 살아갈 수 없는 처지에 놓여 있다. 돼지에 대한 숭배와 혐오는 어떤 절대적 기준에 의해 정해진 것이 아니라 각 문화권이 처해 있는 상황에 따라 맥락적으로 형성되어온 것이다. 곡물 생산이 상대적으로 풍부했던 지역에서 돼지는 중요한 단백질 공급원이 되었고, 그런 문화권에서 돼지는 복의 상징으로 인식되었다. 곡물 생산이 상대적으로 부족했던 지역에서 돼지는 인간과 식량을 두고 경쟁하는 해로운 동물로 인식되었고 종교적 터부가 되었다. 중요한 것은 혐오가 형성된 맥락이 변화했음에도 불구하고, 좀처럼 혐오의 관습이 사라지지 않는다는 것이다. 생태학적 전략이 종교적 금기로 굳어졌을 때 벌어지는 비가역적성은 비극이 된다. 정치와 종교로 넘어간 관습들은 이처럼 상황적 선택을 가로막는 벽을 만든다.

한국사회의 정치는 지나치게 정치 지도자에 대한 몰입을 유도한다. 어쩌면 한국사회의 정치구도는 진보와 보수라는 이념으로 나뉘는 스펙트럼이 아니라 산업화 시대의 리더였던 박정희 대통령을 따르는 세력과, 민주화 시대를 이끈 김대중, 노무현 대통령을 따르는 세력의 극단적 대립일지도 모른다. 바로 그런 극단적 대립의 소모적 정치구도 속에서 한국의 선거는 정치 지도자의 상징자본을 통해 치러지곤 한다. 그리고 그 대리전은 언제나 숭배와 혐오라는 극단적 감정의 충돌로 나타나며, 그 갈등은 치료될 기미가 보이지 않는다.

경제성장과 산업발전이 절실했던 1960~1970년대에 우리는 새마을운동이라는 신흥종교로 집단주의와 애국주의에 무비판적으로 세뇌되었다. 정치적 민주화는 터부가 되었고, 독재자는 용인되었다. 그리고 국정원 사태에서 애국주의가 다시 거론될 만큼, 당시 정치적으로 형성된 관념의 비가역성은 여전하다. 힘들게 얻은 정치적 민주화가 실현된 작금의 한국에서 경제적 민주화는 전 국민의 바람이다. 숭배와 혐오는 우리가 어느 시대를 살고 있는지를 정의하는 데서 시작된다. 여전히 한국사회를 개발독재시대의 패러다임 속에서 사고하는 쪽과 여전히 한국사회를 민주화 운동의 패러다임 속에서 사고하는 쪽, 1970년대와 1980년대 정치의 영역으로 흡수된 패러다임의 신봉자들이 한국정치를 주도하고 있다. 비극적인 것은 그들의 관념이 변화된 한국사회의 요구를 인식하지 못할 정도로 비가역적이라는 데 있다.

문제는 이런 것이다. 현재 한국사회가 가장 필요로 하는 것은 무엇인가? 국민이 원하는 것은 산업화 시기에 겪었던 경제적 급성장인가, 아니면 민주화 시대를 달구었던 정치적 민주화인가? 그것도 아니면 새로운 제3의 길인가? 경제 양극화가 극심해지고, 경제 민주화가 중요해진 현실 속에서도, 여전히 정치는 극단적인 대립 속에 국민을 숭배와 혐오의 양극단으로 몰아가고 있다. 그것도 국민이 아닌 그들만의 생존을 위한 '돼지여물통 정치'의 방식으로. 지금 여기, 우리가 살고 있는 조건들은 그런 숭배와 혐오를 통해서는 보이지도 해결되지도 않는 복잡한 것이다. 사람들은 먹을 수도 있고 욕도 할 수 있는 그런 돼지를 원한다. 이처럼 사람들의 양가적인 욕망을 정확히 인식하는 곳에서, 숭배와 혐오로 점철된 정치적 실타래가 풀리기를 기원한다.

25

벼-과학을 사용하는 방법

Oryza sativa

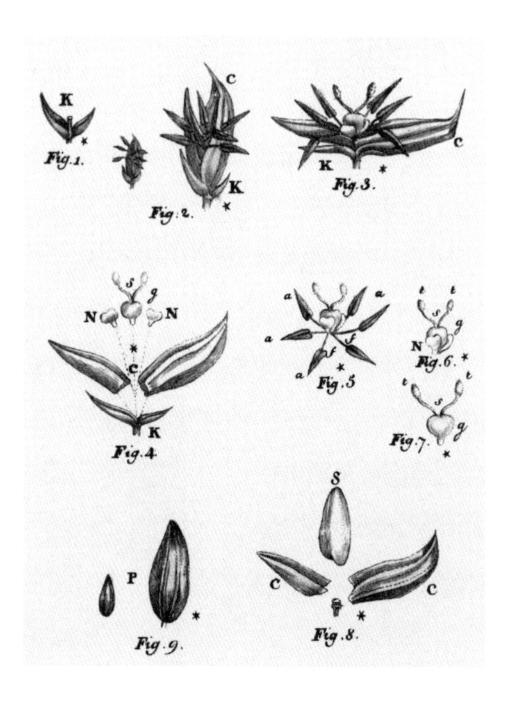

"연구한 학자의 이름을 붙여 대대손손 영예가 될 수 있도록 하라."

박정희

"공교롭게도 박정희의 이름을 딴 '희농1호'를 비롯하여 사람 이름을 따서 이름 지은 벼 품종들은 모두 실패하였고, 노풍과 래경 이후 사람 이름을 딴 벼 품종은 찾아볼 수 없다."[1]

김태호

벼는 인류에게 필요한 칼로리의 21%를 담당하는 중요한 식물이다. 특히 동남아시아인들은 76%의 칼로리를 벼에서 얻는다.[2] 따라서 벼를 연구한다는 것은 선충이나 초파리, 혹은 쥐를 연구하는 것과 크게 다르다. 연구 성과의 경제, 사회적 기대치가 높아질수록 연구 현장에 관여하는 정치, 경제적 영향력도 증가하기 때문이다. 식물학자가 벼를 연구한다는 것은 동물연구자가 치료제나 백신을 개발하는 것이라 볼 수 있다. 따라서 연구를 둘러싼 시스템도 전통적인 대학의 연구와는 다르다. 벼 연구를 둘러싼 과학 시스템은 다국적 종묘회사, 이들을 후원하는 국가, 그리고 투자회사를 비롯한 수많은 이익집단들로 가득하다. 독감이나 에이즈 치료제 개발이 다국적 제약회사와 거대 자본으로 둘러싸인 것과 마찬가지다. 이처럼 과학이 연구 자체를 목표로 하지 않는 곳에서, 과학적 정직성이라는 미덕은 뒤늦게 진실의 경종을 울리고, 정치적 수사와 과대포장, 그리고 치열한 암투가 과학의 전면에 등장하게 된다. 생물학 연구에서 모델생물로는 후발주자인 벼는 그 역사를 생생히 증언한다.

전통적으로 벼를 연구하던 학자들은 과학과 농학의 중간지대에 속해 있었다. 이들은 스스로를 생물학자라고 부르기보다 육종가로 불렸으며, 농학이라는 기초와 응용의 중간지대에서 연구해왔다. 공학이 과학의 단순한 응용이 아니듯, 농학도 식물학의 단순한 응용이 아니다. 농학과 식물학은 전통적으로 추구하는 목표가 다르다. 작물 수확량의 증가, 병충해로부터의 보호와 같이 농학은 인간 삶의 질을 향상시키려는 확실한 목표 속에 놓여 있는 학문이다. 반면 식물학은 식물에 대한 인간 지식의 향상을 도모하는 것을 목표로 한다. 따라서 농학자들에게 애기장대 연구는 가끔 쓸데없는 연구로 여겨지고, 식물학자들에게 벼 연구는 연구비를 위해 어쩔 수 없이 걸쳐놓은 장식품이 되기도 한다. 좋은 과학자가 좋은 공학자는 아니듯, 좋은 식물학자가 좋은 농학자는 아니다. 각 분야가 필요로 하는 미덕과 추구하는 목표는 필요한 만큼 존중되고 구별되어야 한다. 구별 없이 과학과 공학이 섞일 때 그 결과는 참담해진다. 자연에 대한 이해와 인간 삶의 개선이라는 목표는 복잡하게 얽혀 있는 덤불과 같다. 덤불을 헤치고 목표를 거머쥐기 위해서는 차분한 구별과 과감한 결단이 모두 필요한 법이다.

황금쌀을 둘러싼 논쟁

농학은 농학대로, 식물학은 식물학대로 발전하던 시기가 있었다. 다양한 품종을 교배하는 것만으로 작물의 생산량을 늘리던 시기에, 식물학 지식들은 거추장스러울 뿐이었다. 육종가들은 현장에서 매우 느린 속도로 작물의 생산성을 향상시켜나갔다. 식물학자들은 애기장대처럼 한정된 모델종을 대상으로 식물 내부의 숨겨진 법칙들을 발견해나갔다.

식물학자들이 발견한 다양한 유전자 지식과 그 발견을 위해 개발된 유전자조작 기술이 농학에 도입되는 것은 시간문제였다. 2005년 농작물 중 처음으로 벼의 전체 유전체가 해독되었고, 많은 식물학자가 벼 연구를 위해 뛰어들었다. 형질전환 식물을 만들던 기존의 기술들이 형질전환 벼를 만드는 데 응용되는 일도 시간문제였을 뿐이다. 황금쌀의 개발은 식물학과 농학이 과학과 기술의 교차로에서 만난 대표적인 사례다.

황금쌀은 비타민A의 전구체인 베타카로틴을 생산하는 형질전환 벼를 의미한다. 벼의 유전체를 조작해서 벼의 유전체에 비타민A를 생산할 수 있는 생합성 경로를 주입하는 방식으로, 벼가 비타민A를 합성하도록 만들 수 있다. 이 프로젝트는 1990년대 말, 스위스의 잉고 포트리쿠스Ingo Potrykus 박사로부터 시작되었다. 그는 수선화의 유전자와 박테리아 유전자를 이용해 비타민A의 전구체인 프로비타민A를 벼에서 생합성하는 데 성공했다. 2000년 〈사이언스〉를 통해 발표된 황금쌀 연구에는 록펠러 재단, 스위스연방기술 재단, 유럽연합 등의 지원이 있었다. 또한 빌 게이츠 재단이 황금쌀의 실용화를 지원하면서 이 기묘한 GMO를 둘러싸고 논란이 뜨겁게 일었다.

유전자조작식품으로 흔히 알려진 GMO 논란은 유럽을 중심으로 지속되고 있다. 과학적 사실과 이념 속에서, 정치적 진보와 보수의 구호 속에서, 지적 호기심과 생명윤리라는 대립 구도 속에서, 그리고 자본주의와 인본주의라는 가치 속에서, 유전자재조합작물은 사람들의 입에 오르내리고 있다. GMO를 둘러싼 첫 번째 전쟁에서 악역과 영웅은 분명히 구분되었다. 몬산토와 같은 다국적 기업은 과학기술을 악용한 이기적인 악덕 기업임이 분명히 드러났다. 실제로 이 전쟁에서 몬산토와 같은 거대자본도 피해를 입었다.

황금쌀은 이러한 전쟁에 대한 반성에서 출발했다. 거대 자본은 공급자 위주의 유전자조작 전략에서 GMO에 대한 거부감이 덜한 소비자 위주의 전략으로 선회했다. 연구의 총책임자였던 포트리쿠스 박사도 '황금쌀 인도주의 위원회'를 결성하고 이 기술이 개발자의 목표대로 공공의 이익을 위해 사적 이윤을 최소화해야 한다는 점을 분명히했다. 좀 더 효율적인 황금쌀을 개발한 신젠타Syngenta가 라이센스를 황금쌀 인도주의 위원회에 기부하고, 연간 소득이 1만 달러 이하인 농민들에게 무료 사용권을 보장했지만, 그린피스는 이 또한 거대 종묘회사들이 유전자조작식품을 대중화하려는 음모라며 반대하고 있는 상황이다.

황금쌀은 GMO 논란에 새로운 지평을 열고 있다. 과학자의 선의가 자본의 왜곡 없이 사회에 실현될 수 있는지를 두고 여러 진영이 대립하고 있다. 포트리쿠스는 방한한 자리에서 "이론적 근거만 있을 뿐 과학적 정당성이 없는 규제로 인해 GMO를 공공이익을 위해 이용하는 데 방해를 받았고, 소수 대기업들이 독점하게 됨으로써 배타적 상업적 이용을 하게 됐다"고 말했다. 아마도 감정적 대응과 과학적 사실의 대립을 넘어선 곳에 답이 놓여 있을 것이다.

희농 1호, 통일벼, 그리고 유신의 잔재

과학기술의 발전을 두고 자본과 과학자 간의 새로운 대결이 펼쳐지고 있지만, 한국에서 여전히 과학기술은 정치적 정당성을 위한 선전도구일 뿐이다. 이명박 정부의 녹색성장은 4대강의 녹조를 위해 22조라는 혈세를 낭비하는 것으로 끝났다. 그 과정에서 수많은 과학기술자들과 관료들이 사업을 칭송하기 위해 동원되었다. 이러한 전통은 박정희 정권 시대로 거슬러 올라간다. 박정희 정권 시대에 과학기술은 정치적 정당성을 획득하기 위한 도구였다. 그 대표적 예가 통일벼다.

1960년대 한국의 식량자급력은 형편없었고, 박정희는 정치적 정통성을 위한 가시적 성과를 간절히 원하고 있었다. 초기 박정희 정권의 식량증산사업은 표면적으로 농촌진흥청이 주도했지만, 그 배후에는 대통령 직속의 중앙정보부가 있었다. 농촌진흥청은 필리핀의 국제미작연구소IRRI에 연구원을 파견해 다수확품종의 개발에 주력했다. 반면 중앙정보부는 군사훈련을 받은 정보요원을 동원해 신품종의 국내 밀반입을 주도했다. 이렇게 밀반입된 이집트산 벼 나다Nahda는 박정희의 이름을 딴 '희농 1호'로 변신, 정권의 전폭적인 지원 속에 강제적으로 보급되었다. 성급한 정책은 곧 실패로 이어졌다. 희농 1호는 한국적 풍토에 맞지 않는 것으로 판명되었고 희농사태는 '희농 청장' 이태현의 사퇴로 마무리되었다.

농촌진흥청이 주도한 국제미작연구소에서의 연구가 빛을 발하기 시작한 것은 이때부터였다. 허문회라는 과학자가 자포니카 품종이 아닌 인디카 품종을 기본으로 한국 풍토에 맞는 다수확품종 벼 IR667 개발에 성공한 것이다. 실패를 만회하려던 박정희 정부에게는 희소식이었다. 다행인지 불행인지 통일벼의 모종이 되는 IR667은 희농처럼 실패하지 않았다. 박정희를 제외한 대부분의 국무위원들은 밥맛이 별로라고 평가했지만, 농업지원금의 대대적인 지출로 통일벼는 농가 정착에 성공했다. 통일벼는 여러 가지 문제를 안고 있었으나 식량 자급 달성이라는 목표를 달성하는 견인차였고, 박정희 정권의 안정을 위한 기반을 제공하는 데도 기여했다. 하지만 역설적으로 식량 자급 달성이라는 정치적 동기가 사라지면서 통일벼는 자취를 감추기 시작했다.

통일벼를 실패와 성공의 이분법으로 바라볼 수는 없다. 황금쌀을 두고 GMO 논쟁이 새로운 단계로 진입하듯이, 통일벼라는 우리의 역사를 통해 한국의 과학기술을 둘러싸고 있는 시스템을 점검해볼 기회로 삼아야 한다. 과학의 미덕은 끊임없는 오류 수정과 자기 혁신에 있다. 통일벼의 교훈은 과학적 성과들이 정치적 포장에 가려 지속적인 자기 혁신에 실패했다는 데 있다. 정치에 놀아나는 과학은 자기 혁신이라는 미덕을 상실하고 곧 관성에 빠져 쇠퇴한다. 2020년 한국에서, 과학이 또다시 정치라는 함정에 빠져 스스로 관성에 갇히지 않았는지 돌아볼 일이다.

26

개미와 꿀벌 — 진사회성 곤충의 유전학

Formicidae & Apis

진사회성

개미 연구로 유명한 하버드 대학의 에드워드 윌슨Edward Wilson 교수는 《지구의 정복자The Social Conquest of Earth》의 제12장을 이런 말로 시작한다.

"인간 조건의 기원을 밝힐 열쇠는 우리 종에게서만 발견되는 것이 아니다. 그 이야기는 인류로 시작하고 인류로 끝나는 것이 아니기 때문이다. 열쇠는 동물의 사회성 진화 전체에 걸쳐 있다."

사회성에 대한 관심은 진화생물학자들의 오래된 난제 때문이다. 다윈의 자연선택에서 선택의 단위는 개체 혹은 유전자다. 하지만 육상 환경에 서식하는 동물종들 중에서 가장 복잡한 사회성을 지닌 종이 우위를 점하고 있으며, 이런 종들은 진화의 과정 중에서 아주 드물게 출현했다. 인류는 그런 사회성을 지닌 종 중 하나다.[1]

하지만 인류를 제외하고, 전 지구상에 존재하는 동물종 중에서, 가장 복잡한 사회성을 지닌 종은 따로 있다. 개미, 꿀벌, 흰개미 등의 곤충 종들은 흔히 '진사회성eusociality', 즉 진정한 사회적 조건을 가진 종으로 잘 알려져 있다. 진사회성 곤충의 특징 중 하나는 분업과 계급이다. 특히 진사회성 곤충은 생식만을 전담하는 계급인 여왕이 있는 것으로 유명하다. 생명체의 목적이 자손에게 유전자를 남겨주는 것이라고 말할 때, 그 수많은 개미 가운데 오직 여왕개미만 알을 낳는다는 사실은 진화생물학자들에게 커다란 질문거리를 던져주었다. 이를 해결한 것이 진화생물학자 윌리엄 해밀턴William Hamilton과 그의 동료들의 '포괄적응도'라는 개념이다.[2]

포괄적응도 이론에서 주인공은 개체가 아닌 유전자가 된다. 진사회성 곤충마다 조금씩 다르기는 하지만 기본적으로 여왕은 이배체 2n의 유전체를, 수컷은 반수체 n의 유전체를 가진다. 이 경우, 일개미들은 자신의 어머니인 여왕과는 1/2의 유전자를 공유하게 되지만, 아버지와는 모든 유전자를 공유한다. 그리고 암컷인 일개미 자매들 간의 유전적 근친도는 평균적으로 3/4이 된다. 따라서 일개미들은 직접 암컷 자손을 만드는 것보다 자매들을 돕는 것이 유전자를 널리 퍼뜨리는 데 더 효율적이다. 해밀턴과 그의 동료들은 이런 방식으로 개미 집단에 나타나는 겉보기 이타성의 핵심을 유전자 중심의 선택이론으로 설명해냈다. 해밀턴 혁명이라 불리는 진화생물학의 발전은 리처드 도킨스의《이기적 유전자》의 배경이 됐다.

진사회성 연구, 즉 주로 야외에서 개미나 꿀벌 등을 관찰하고 연구했던 생물학 전통은 19세기 말부터 등장했던 고전유전학과 이후 20세기 중반으로 이어진 분자생물학의 전통과 융합하지 못하고 끊임없이 갈등하고 반목했다.[3] 진화생물학과 분자생물학은 초파리 유전학이라는 매개자를 통해 서로 대화하기도 했지만, 대부분의 경우 진화생물학자들은 실험실에서 연구하는 분자생물학자들을 경멸하며 그들과 협력하지 않았다. 그런 전통은 아직도 건재하다. 나는 이 두 전통을 '두 개의 생물학'이라고 부른다.

DNA의 이중나선 구조가 밝혀지고, 진화생물학적 접근에 유전자 서열을 이용하는 방법이 유용하다는 것이 알려질 때쯤, 유전자 염기서열 분석을 통해 다양한 생물학의 질문들을 탐구하는 유전체학genomics은 진화생물학과 융합되기 시작했다. 겉으로 드러나는 표현형만으로 생물종을 분류하던 분류학의 전통은 이제 다양한 유전자 마커들을 이용한 분자적 기법을 도입해 크게 발전했고, 야외에서 비침습적인 관찰을 연구의 주된 방법으로 삼던 동물행동학자들도 유전체학의 기법들을 도입해 행동과 유전체의 패턴을 연결하는 시도를 시작했다. 모건의 제자 도브잔스키에서 시작된 집단유전학population genetics은 염색체의 밴딩패턴을 분석하는 고전적 방법을 포기하고 유전체 염기서열분석을 기본적인 분석방법론으로 사용하고 있다. 분자생물학에서 시작된 유전자 연구방법론은 이제 두 생물학 전통 모두에 보편적인 기법으로 자리잡았다. 그러니 이제 모든 생물학자는 분자생물학자라고 말하는 게 큰 무리는 아니다. 물론 진화생물학자들이 유전자 중심의 실험 방

법을 한 번에 받아들이지는 않았다. 처음엔 큰 갈등이 있었다.[4]

동물행동학자로는 드물게 노벨상을 수상한 니콜라스 틴베르헌 Nikolass Tinbergen은 도킨스의 스승으로, 동물행동학과 진화생물학에 큰 족적을 남겼다. 특히 그는 생물학의 질문과 설명에 네 가지 범주가 있다는 통찰로 유명한데, 가로축을 '시간의 흐름에 따른 설명'과 '정적인 설명'으로 두고, 세로축을 '근접인'과 '궁극인'으로 두었을 때 나타나는 서로 다른 네 범주의 생물학을 다음과 같이 표현했다.

• 질문과 설명의 네 범주[5]

		통시적 견해와 공시적 견해	
		동학적 시각 시간의 흐름에 의한 설명	**정학적 시각** 종/개체군의 현재 상태에 대한 설명
'어떻게' 혹은 '왜'에 대한 질문	**근접적 설명** 어떻게 유기물 개체의 구조가 기능하는가	**발달과정** 유전자가 현재의 상태에 이르기까지 각 개체가 어떻게 변화하였는지에 대한 발달/발생 과정에 대한 설명	**근접기제/근접인과** 유기체의 구조가 어떻게 작동하는지에 대한 기계론적 설명
	진화적/궁극적 설명 왜 종 혹은 개체군이 (적응적인) 구조를 진화시켰는가	**계통(발생)학** 하나의 종 혹은 개체군이 여러 세대에 걸쳐 변화한 진화의 역사	**적응** 과거의 환경에서 생존과 번식의 문제를 해결하면서 진화한 형질

첫째, 시간의 흐름에 따라 유기체의 기능을 설명하는 생물학의 범주

에는 발생학이 포함된다. 발생학은 한 개체가 하나의 세포에서 성체로 발생하는 과정의 설명에 만족하며, 그 자체로 완결된 학제를 점유하고 있는 생물학의 한 분파다.

둘째, 유기체의 기능을 시간의 흐름을 무시하고 연구하는 생물학은 주로 생리학과 생화학, 분자생물학 등이 포함되며, 이 분야의 생물학이 현재 우리가 매일 뉴스에서 보고 듣는 생물학적 발견들의 대다수를 이루고 있다. 파스퇴르에서 왓슨과 크릭의 발견을 거쳐 현재의 의생명과학과 생명공학으로 이어지는 대다수의 생물학 전통은 바로 이런 범주에서 생명을 탐구하고 발견해나간다.

셋째, 시간의 흐름에 따라 생물종이 진화한 과정을 연구하는 학문이 있다. 집단유전학, 분류학 등의 진화생물학의 한 분파가 이에 해당한다. 이런 생물학이 다루는 시간의 흐름은 발생학이 다루는 개체 단위의 시간과는 차원이 다르게 장구하며, 대부분의 경우 실험으로 그 진위를 증명할 수 없다. 유사한 종들의 공통점과 차이점을 조사하고, 다양한 수학적 분석기법과 통계학을 사용해 진화의 원리를 밝히는 학문 분야가 여기 포함된다.

넷째, 진화적 설명인 궁극인을 다루지만, 주로 적응의 관점에서 생물종의 현재 상태를 자세히 연구하는 분야가 있다. 에드워드 윌슨의 행동생물학이 이런 분야에 속한다. 이들은 야외나 실험실에서 다양한 생물을 관찰하며, 그 관찰 결과를 주로 진화의 과정과 연결시켜 설명하는 것에 만족하고, 생명체 내부에서 벌어지는 다양한 생리활동과 유전자의 기능은 설명하지 않는 경우가 많다. 초파리 유전학자들 가운데 진화생물학자로 활동하는 대다수의 과학자가 이런 전통 속에서 연구한다.

물론 틴베르헌의 이런 네 가지 분류법이 반드시 일반적으로 통용되는 건 아니지만, 생물학에는 다양한 범주의 설명 방식이 존재하고, 생물학적 질문에도 이 설명의 범주에 따른 층위가 존재한다는 사실은 알아두는 편이 좋다. 만약 생물학자 중 누군가가 물리학자들처럼 통일장 이론을 추구한다면, 그는 틴베르헌의 이 네 가지 범주를 모두 다룰 수 있는 연구 프로그램을 찾으려 할 것이다. 그리고 어떤 학자들은 사회성 동물들의 유전체를 분석하는 연구가, 발생학에서 분자생물학을 거쳐 행동과 진화의 의미까지를 모두 다룰 수 있다고 생각하기도 한다.[6]

사회유전체학의 한계와 크리스퍼 개미의 등장

유전체학이 진화생물학 전통에 강력한 영향을 준 것은 확실하다. 유전자 서열을 분석하고, 대단위의 데이터를 분석해 통계적 분석기법으로 다양한 설명 방식을 추구하는 유전체학은 이제 젊은 진화생물학자들과 생물정보학 혹은 시스템생물학자들의 구분을 없애는 중이다. 진화생물학에서 등장한 유전체 연구자들은 더 풍부한 자연종의 정보들을 통해 다윈이 추구하던 종의 기원을 밝히고 자연선택의 원리를 설명하기 위해 노력한다. 반면, 유전체 해독 프로젝트 등을 통해 성장한 생물정보학자들과 시스템생물학자들은 유전체상에 존재하는 다양한 정보로 주로 인간의 질병을 진단하고 예측해서 분자생물학적 발견들과 자신들의 연구를 연결하는 방식으로 일하는 경우가 대부분이다. 두 개의 생물학 전통이 모두 유전체 분석을 사용하게 되었지만, 그 전통의 고유한 질문과 설명 방식은 쉽게 변하지 않는다.

사회성 곤충을 연구하는 행동생물학자와 진화생물학 그룹은 이제 유전체 분석을 통해 사회성의 근원을 탐구하고 있다. 이들은 주로 다양한 사회성 곤충의 유전체를 해독하고, 그렇게 해독된 유전체의 정보들 가운데 사회성에 중요한 유전적 마커들을 찾는 작업에 몰두한다. 진 로빈슨Gene Robinson이 이런 분야에서 독보적인 위치를 차지하는 학자인데, 그에 의해 사회유전체학sociogenomics라는 학문 분야가 탄생했다.[7] 하지만 사회유전체학은 개체의 유전자를 편집하거나 조작해서 행동을 조절하는 방식으로 작업하지 않는다. 이들은 주로 스틸 사진과 같은 유전체의 흔적을 자세히 탐구하는 치밀한 관찰자들이며, 분자생물학자들이 작업하는 방식처럼 생명의 분자를 없애고, 바꾸고, 주입하는 방식으로는 일하지 않는다. 그런 방식의 생물학적 연구들은 아주 강한 상관관계를 밝혀낼 수는 있지만, 조작적 실험operational experiments을 통해 근접인을 밝혀낼 수는 없다. 근접인은 메커니즘적 설명을 요구하며 그런 설명은 다양한 조작적 실험을 통해서만 가능하기 때문이다. 따라서 사회유전체학의 설명 방식이 고전유전학이 아니라 유전체의 상태를 더욱 정밀하게 관찰하기 쉬운 후성유전학 등으로 흐르는 건 당연한 일이다.[8] 개체가 환경에 반응하며 DNA에 남겨놓은 인식표를 연구하는 후성유전학은 사회유전체학의 설명 방식에 아주 잘 들어맞기 때문이다.

비록 진화적 설명을 추구하지는 않지만 초파리 행동유전학자들은 유전학의 전통에서 행동생물학에 접근하는 비교적 새로운 학문 분야에 속해 있다. 시모어 벤저의 실험실에서 탄생한 행동유전학은 유전자의 기능과 행동의 상관관계를 연구하며 주로 유전자가 신경회로와 뇌를 거쳐 어떻게 행동을 조절하는지를 탐색한다. 이러한 탐색을 위해 행동유전학자들은 고전유전학이 준비해놓은 다양한 유전학적 도구들을 사용한다. 이런 유전학적 도구들은 초파리의 특정한 신경회로에서 유전자 단위의 조작을 가능하게 하고, 이를 통해 변화된 행동을 분석하는 방식으로 행동유전학을 발전시키고 있다.[9]

초파리 행동유전학은 행동의 기저에 존재하는 신경회로의 원리를 분자 수준에서 설명하는 대단히 훌륭한 학문이지만, 연구할 수 있는 행동의 종류는 제한적이다. 물론 초파리는 암컷의 산란 과정에서 보이는 의사결정 행동 등과 같이 우리가 생각하는 것보다 훨씬 다양하고 복잡한 행동을 한다.[10] 심지어 초파리들이 인간과 비슷한 원시적 형태의 문화를 가지고 있다는 보고도 있지만,[11] 초파리로 진사회성을 연구할 수는 없다. 물론 초파리에도 진사회성의 흔적이 남아 있을 가능성이 있지만, 지금까지 누구도 여왕초파리를 발견한 적은 없다.

2011년, 일본의 과학자 마사키 카마쿠라는 단독 저자로 〈네이처〉에 논문 한 편을 발표한다. 그 논문의 제목은 〈로열락틴royalactin이 꿀벌 여왕의 분화를 유도한다〉였고, 이 논문은 꿀벌의 로열젤리에서 발견한 작은 단백질 하나가 어떻게 다른 일벌과 똑같이 태어난 애벌레를 여왕으로 만드는지를 밝혔다. 이 연구 결과는 몇 가지 측면에서 놀라운데 우선 이렇게 방대한 양의 데이터가 단 한 명의 연구자에 의해 수행되었다는 사실 자체이다. 현대 생물학은 다수 연구자의 협업에 크게 의존하며, 대부분의 생물학 연구논문은 다수의 저자를 포함하기 때문이다. 게다가 〈네이처〉처럼 고급학술지의 경우 단독저자 연구논문은 정말 찾아보기 어렵다.

두 번째로, 이 논문은 로열젤리에서 발견되는 펩타이드 하나가 일벌을 여왕벌로 만드는 데 결정적인 역할을 한다는 놀라운 결과를 발표했다. 단 하나의 펩타이드가 여왕이라는 계급으로 발생하는 과정의 스위치라는 사실은 누구도 상상해보지 못한 결과였고, 그래서 〈네이처〉는 이 논문의 게재를 승인한 것 같다.

세 번째로, 이 논문은 꿀벌로 수행한 실험들을 초파리로 재현하는 데 성공했다. 즉, 꿀벌의 로열락틴을 초파리 암컷에서 발현시켰을 때, 초파리 암컷의 배가 길어지고, 마치 여왕벌처럼 커지는 걸 관찰했던 것이다. 게다가 이 논문은 꿀벌과 초파리에 모두 보존되어 있는 성장 호르몬과 관련된 신호전달 과정이 여왕벌이 만들어지는 비밀의 핵심이라는 것을 분자유전학 실험을 통해 밝혀냈다.[12]

이 논문은 이후 다른 연구자들에 의해 비판받았고, 논란의 중심에 서 있지만,[13] 적어도 어떻게 꿀벌의 진사회성을 초파리 유전학의 실험 기법들로 연구할 수 있는지에 대한 단서를 보여준다. 물론 이 연구의 한계는 직접 꿀벌의 유전자를 조작해 로열락틴의 분자적 기제를 밝힌 게 아니라, 꿀벌에서 얻은 단서로 초파리의 유전자를 조작해 그 분자적 기제가 보존되어 있으며, 종을 건너뛰어 작동함을 밝혔다는 데 있다. 하지만 꿀벌의 유전자를 직접 조작해 다양한 행동의 변화를 관찰하는 일은 불가능할까? 그런 일은 점점 더 가능해지고 있다.

사회유전학, 그 새로운 조망

크리스퍼CRISPR/Cas9라는 말은 이제 꽤 유명한 생물학 용어가 되었다.[14] 박테리아가 박테리오파지라는 바이러스에 대항할 때 사용하는 면역체계를 이용한 유전체편집 도구 크리스퍼는 아주 간단한 DNA 절편을 주입하는 것만으로 원하는 유전체의 부위를 아예 없애거나 바꿔칠 수 있다. 이 말은 초파리나 생쥐, 그리고 몇몇 모델생물에서나 가능했던 유전자변형생물을 지구상에 존재하는 어떤 종에서나 만들어낼 수 있다는 뜻이기도 하다. 뒤에 다시 다루겠지만, 크리스퍼를 통해 간편하게 유전자변형생물을 만들 수 있다는 것은 정말 상상으로만 가능했던 자연계의 모든 종들에서 초파리나 생쥐처럼 유전학적 연구를 수행할 수 있는 세상이 오게 된다는 것이다. 우리는 정말 쥐라기 공원을 향해 달려가고 있는지도 모른다. 이미 전통적인 곤충학자들이 이 기술을 사용해 유전학의 영역으로 밀려들어오는 중이다.[15]

누군가 개미나 꿀벌의 유전자를 변형하려 들지는 않을까? 과학계엔 이런 말이 있다. "당신이 상상하는 모든 것은 이미 누군가 했거나 하고 있을 것이다." 실제로 그랬다. 2017년 우연히도 몇 개의 연구 그룹이 동시에 유전자 조작으로 후각수용체 Orco를 제거한 돌연변이 개미군집을 탄생시켰고, 논문을 발표했다.[16] 이들이 후각수용체를 표적으로 삼은 이유는 지난 수십 년간 초파리 유전학자들이 곤충의 후각수용체와 행동에 관한 연구를 수행해 상당히 많은 지식을 축적했기 때문이다. Or83b는 후각수용체 대부분을 보조하는 역할의 보조수용체다. 후각수용체가 없는 곤충은 냄새를 거의 맡지 못한다. 후각을 사용해 화학적 신호를 주고받아야 하는 개미군집에게 이 분자는 아주 중요한 역할을 할 것이다. 소설 《개미》에 설명되어 있듯이, 개미들은 페로몬을 이용해 화학적으로 소통하며, 개미의 긴 안테나에는 후각수용체를 발현하는 후각세포들이 줄지어 자리잡고 있다. 연구진들은 바로 이 후각수용체들을 보조하는 Or83b를 개미의 유전체에서 제거해버리고, 개미군집의 행동을 관찰했다.

결과는 예상대로였다. 후각보조수용체가 제거된 개미군집은 서로 화학적 신호를 잘 주고받지 못했고, 집단행동에 큰 장애를 나타냈다. 이 연구는 전 세계 곤충학자와 초파리 유전학자들 사이에서 화제가 되었고, 아마 앞으로 더 많은 초파리 유전학자와 개미 학자들이 공동연구를 시작하게 될 것이다. 바야흐로 사회유전학의 시대가 열리고 있다.[17]

27

모기—새로운 초파리

Aedes aegypti

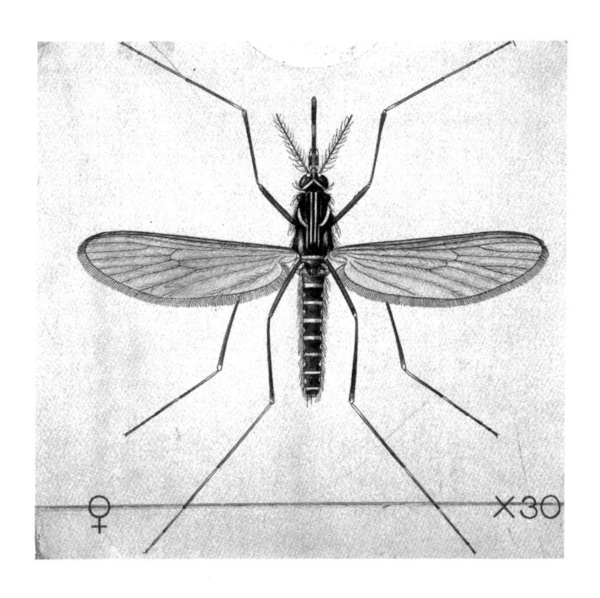

모기는 인류의 가장 위협적인 적이다. 사람들은 주로 상어나 호랑이에게 공포를 느끼지만, 우리의 뇌가 느끼는 공포와 실제로 인간을 가장 많이 죽이는 동물의 순위는 완전히 다르다. 인간을 가장 많이 죽이는 동물을 6위부터 2위까지 나열하면 하마, 악어, 체체파리, 개, 뱀의 순서다. 개가 3위를 차지한 게 놀라울 테지만, 실제로 광견병에 걸려 죽는 사람은 연간 약 6만 명에 이른다. 매년 인간을 가장 많이 죽이는 동물 1위는 바로 모기다. 모기는 전 세계에서 해마다 70만 명이 넘는 사람을 사망에 이르게 한다. 암컷 모기가 옮기는 말라리아에 감염되는 사람은 한 해 2억 명이 넘고, 모기가 옮기는 질병은 말라리아 외에도 황열병, 뇌염 등을 비롯해 수도 없이 많다. 모기는 개미, 흰개미 다음으로 개체수가 많은 동물이기도 하다.

전통적으로 모기를 연구하는 학자들은 곤충학을 전공했거나, 전염병학을 전공한 의사들이었다. 모기의 생태와 습성을 연구해서 방역이나 예방을 돕는 것이 모기 연구의 주된 흐름이었다. 모기를 연구해 출판된 논문들은 꾸준히 존재해왔지만, 모기는 아주 실용적인 이유로만 연구되던 가장 대표적인 생물종 중 하나였다. 모기에 대한 연구는 모기를 퇴치하는 데 집중되어 있었고, 오직 그 이유로만 연구비가 지원되었다. 모기를 연구하는 학자들은 보건 관련 학과나 의대실험실 혹은 농학 관련 실험실에 있으며, 이들의 연구비도 주로 질병관리본부나 농림수산부 등에서 제공된다. 모기를 연구하는 기초생물학자는 거의 없었다.

초파리에서 모기로

레슬리 보셜Leslie Vosshall은 잘나가던 초파리 유전학자였다. 그는 초파리 후각 연구의 선구자로 널리 알려졌는데, 이미 2000년 초파리의 후각에 관한 유명한 종설논문을 발표할 정도로 전도유망한 과학자였다.[1] 그는 2017년 생체시계 연구로 노벨상을 수상한 마이클 영Michael Young의 제자로 생체시계를 조절하는 분자들의 원리를 밝혀 박사학위를 받았고, 이후 초파리와 생쥐의 행동유전학 분야에서 유명한 리처드 악셀Richard Axel 실험실에서 박사후연구원으로 일하며, 본격적으로 초파리의 후각이 뇌에서 어떻게 처리되는지를 연구하기 시작했다. 초파리의 후각수용체를 비롯해 후각수용체의 신경회로가 두뇌에서 처리되는 과정에 관한 대부분의 연구는 그가 기초했다고 해도 과언이 아닐 만큼, 초파리 후각을 연구하는 과학자들은 모두 그의 이름을 알고 있다.

그는 록펠러 대학의 교수로 임용된 후 초파리 후각 연구를 오랫동안 지속했는데, 2009년경부터 모기의 후각세포와 후각수용체 연구를 시작하더니, 이제는 아예 초파리 연구를 접고 모기 연구에만 몰두하고 있다. 개미를 다룬 26장에서 개미의 후각수용체인 Orco를 제거한 유전자변형개미에 대해 언급했는데, 아마 보셜의 초파리 후각 연구가 없었다면, 개미 연구자들은 무슨 유전자를 제거해야 하는지 감도 잡지 못했을 것이다. 그는 이미 2013년에 〈네이처〉에 발표한 연구에서 Orco 유전자를 제거한 모기의 경우, 모기가 싫어하는 냄새를 만드는 모기기피제의 주성분 DEET에 반응을 보이지 않는다는 것을 증명했다.[2] 그는 모기의 후각을 중심으로 초파리에서 시도했던 모든 유전학적 방법과 거기서 얻은 지식과 지혜를 총동원해 모기 유전학을 창조해가는 중이다.[3]

보셜은 스위스에서 태어나 스위스, 오스트리아, 독일 등지에서 어린 시절을 보냈고, 8살에 미국 뉴저지로 이사했다. 그의 삼촌인 필립 던햄Philip B. Dunham은 우즈홀해양연구소에서 근무하던 생물학자였는데, 고등학교 시절 삼촌과 함께 세 번의 여름을 실험실에서 보낸 경험이 그를 생물학의 길로 이끌었다고 한다. 그가 존경하는 두 명의 과학자 영웅은 초파리 행동유전학을 만든 시모어 벤저와 그의 박사후연구원 지도교수 리처드 악셀이다. 그의 연구 분야가 어떻게 될 것 같냐는 질문에 대한 대답에서 초파리 유전학 혹은 앞으로의 모델생물을 이용한 생물학이 향하게 될 진로를 엿볼 수 있다.

> "우리는 전통적인 모델생물인 초파리, 생쥐, 선충, 효모, 제브라피시 등을 가지고 환원주의적이고 매커니즘을 밝히는 방식으로 일해온 분자생물학 전통의 끝에 서 있는 것 같아요. 나는 우리가 일

해온 바로 이 모델생물 유전학 분야가 생태학과 진화생물학의 영역을 침범할 거라고 생각합니다. 무슨 말이냐면, 우리는 유전적 변이가 개체에 미치는 기능적 결과들이라던가 비정상적인 생태 적소 등에 서식하는 종이 어떻게 그런 곳에 적응했는지와 같은 걸 연구할 수 있어요. 어떤 과학자들은 두더지의 한 종에서 새로운 촉각세포를 찾아냈고, 어떤 과학자들은 뱀과 박쥐에서 적외선을 감지하는 유전자를 찾고 있어요. 생쥐 연구자 중에는 야생의 생쥐에게 나타나는 줄무늬 패턴을 결정하는 유전자를 찾거나, 야생형 꼬마선충에게서 보이는 자연적 변이를 찾기도 해요. 유전체 해독에 드는 비용이 엄청나게 낮아졌고, 유전체편집 기술의 발달로 지구상의 어떤 종이라도 유전자를 조작할 수 있게 됐어요. 전통적인 모델생물에 머무를 이유가 전혀 없게 된 거죠. 아마 사람들은 앞으로 실험실에서 키우던 동물 말고, 태즈메이니아 호랑이라던가 희귀종 생물을 연구할 수 있게 될 거예요. 우리 실험실도 이제부터 초파리에서 모기로 넘어가려고 준비 중입니다. 나는 이런 방식으로 변화할 생물학의 풍경을 아주 행복하게 기대하고 있어요."[4]

유전자 드라이브

일년에 70만 명이 넘는 사람들이 모기에 물려 사망하는데 그중에는 아프리카의 아이들이 상당수 포함되어 있다. 말라리아 치료제가 개발되었지만, 완벽한 치료제는 존재하지 않는다. 천연두나 소아마비처럼 백신이 가장 효과적인 예방법이지만, 선진국형 질병이 아닌 말라리아 백신 개발은 언제나 순위에서 뒤로 밀려났고, 2018년이 되어서야 첫 FDA 승인이 난 백신이 개발되었다.[5] 무려 개발을 시작한 지 60년 만의 일이다. 말라리아로 매년 고통을 받는 사람은 850만 명에 이르지만, 선진국의 연구비 담당기관은 아프리카를 위해 많은 돈을 투자하지 않았다. 말라리아 백신 개발엔 과학이 과학적 발견만으로는 해결할 수 없는 복잡한 사회적 문제가 놓여 있다. 그리고 바로 그 점이 과학자들이 연구실에서의 연구에 몰두하면서도 약간의 여유를 두고 사회와 접점을 찾아야 하는 이유다.

인류는 이미 모기를 멸종시킬 수 있는 기술을 보유하고 있다. 살충제 따위가 아니다. 철저하게 유전공학을 이용해 만든 유전학적 도구로 이론상으로는 지구상의 해로운 모기 종을 모두 멸종시킬 수 있다. 지금 당장 구글에서 '유전자 드라이브'라는 단어로 검색을 해보면 된다. 유전자 드라이브는 모기의 유전체를 조작해 모기를 불임 상태로 만드는 기술로, 아주 간단하게 유전자가 변형된 수컷 모기를 대량으로 살포함으로써 해당 지역의 모기의 씨를 말릴 수도 있다. 유전자 드라이브를 이용한 방법은 이미 2005년부터 실험실에서 검증되었고,[6] 현재는 크리스퍼 등의 유전체편집 도구를 이용한 유전자 드라이브도 개발이 완료된 상태다.[7]

2018년, 빌 게이츠가 만든 게이츠 재단의 연구비로, 영국의 스타트업 회사 옥시텍Oxitec은 카리브해의 케이맨 제도에서 유전자 드라이브를 이용한 모기 퇴치 실험을 수행했고, 몇 달 뒤 성공을 거두었다고 발표했다. 유전자 드라이브는 케이맨 제도에서 지카 바이러스를 퍼뜨리던 모기 군집의 숫자를 엄청나게 줄이는 데 성공했다. 우리에겐 이미 생태계의 특정한 종의 숫자를 조절할 수 있는 무기가 있다. 뉴질랜드는 토끼와 같은 외래종의 유입으로 인해 유대류 같은 토착종이 멸종 중인데, 그들 또한 유전자 드라이브를 이용한 외래종 박멸을 진지하게 고려하고 있다고 한다.[8]

유전자 드라이브의 사용은 아마 사회의 숙의가 요구되는 중대한 사안이 될 것이다. 아직 한국에선 별다른 논의가 없지만, 만약 한국에 모기나 파리 등이 퍼뜨리는 전염병이 심각한 사회문제가 되거나, 혹은 구제역처럼 한국사회에서 이미 축산업의 기반을 흔들고 있는 여러 전염병을 유전자 드라이브로 통제할 수 있다면, 과연 국민과 정부는 어떤 선택을 해야 할까. 생물학은 이미 세상을 바꾸고 있다. 우리는 과연 그런 시대에 대한 준비가 되어 있는지 물어야 한다. 한국사회는 정말 과학과 기술에 대해 숙의할 준비가 되어 있는가?

보셜은 얼마 전 스튜어트 파이어스타인Stuart Firestein 교수가 쓴《구멍투성이 과학Failure: Why Science is so successful》에 대한 서평으로 과학과 과학자의 실패에 대한 글을 썼다. 서울시립과학관 이정모 관장도 과학은 항상 실패하는 것이라는 말을 한다. 과학자의 일상은 대부분 실패로 채워진다. 하지만 바로 그 실패를 통해 배우는 과정이 과학이고 실험이다. 유전자 드라이브는 실패할 수 있다. 과학이 늘 성공을 보장하지는 않기 때문이다. 그렇다면 우리는 민주주의적 가치를 신뢰할 수밖에 없다. 모이고 토론해야 한다. 매년 100만 명이 넘는 사람들이 죽어나가는 사태를 생태계를 교란하며 막아야 하는가? 정답은 누구에게도 없다.[9]

28

암세포주 — 인간이라는 이유로

Cancer cells

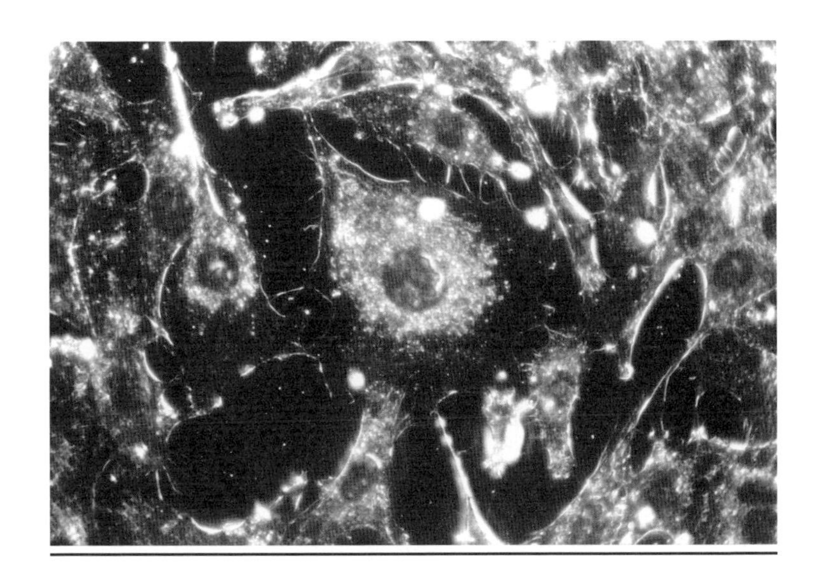

네덜란드의 이름 모를 태아에서 개구리 세포배양까지

2018년 4월, 코오롱생명과학은 긴급 기자회견을 열고 '인보사'라는 세포 주사제에 태아 신장 유래의 293세포가 오염되어 있었음을 밝혔다.[1] 분자생물학자에게 익숙한 이 세포의 정식 명칭은 'Human Embryonic Kidney 293'으로 보통 HEK 293 혹은 293세포로 불린다. 이 세포는 1973년 네덜란드 레이던에 위치한 알렉스 판데르에프Alex van der Eb의 실험실에서 만들어졌다. 판데르에프의 연구팀은 정상적으로 낙태된 태아의 신장에서 유래한 세포에 아데노 바이러스 DNA를 주입해서 암세포처럼 끊임없이 분열하는 세포주를 만들어냈다.[2]

이 태아의 부모가 누구였는지, 낙태의 이유가 무엇인지는 밝혀지지 않았다. 판데르에프의 박사후연구원이던 프랭크 그레이엄Frank L. Graham은 자신의 실험에 숫자를 매기는 버릇이 있었고, 이 세포주를 만들기 위해 DNA를 세포 안으로 트랜스펙션transfection(형질전환을 뜻하는 transformation과 감염을 뜻하는 infection의 합성어)한 실험은 그의 293번째 실험이었다. 8번의 실험 중 한 번만 성공적인 세포주가 만들어졌고, 염색체 9번에 아데노 바이러스의 약 4.5kb 정도 되는 염기가 끼어들어간 것으로 밝혀졌다. 인보사에 오염된 세포는 무려 45년이 지난 후에도 계속 분열하는 능력을 지닌, 네덜란드에서 유래된 세포다.[3]

세포배양cell culture의 역사는 세포의 구성단위를 연구하던 세포학의 역사에서 중요한 위치를 차지한다. 흔히 세포생물학cell biology라 부르는 학문 분야의 역사는 우리가 잘 아는 레이우엔훅의 현미경 발명과 슐라이덴, 슈반 등의 세포이론을 포괄하며, 250년이 넘는 역사를 지닌 현대생물학의 한 줄기를 만든 전통이다.[4] 현미경으로 다세포 생물체의 세포를 관찰하던 활동이 오래된 세포생물학이라면, 세포의 구조와 기능, 세포 내의 분자와 소기관들의 기능에 대한 연구 등을 위해 세포를 생명체 밖에서 인위적으로 배양하기 시작한 게 현대적 의미의 세포생물학의 탄생이다.

19세기 말에 빌헬름 루Wilhelm Roux라는 독일의 발생학자가 닭의 배아 신경세포를 식염수PBS에 담가두면, 달걀 밖에서도 며칠 정도 키울 수 있다는 것을 발견한다. 비슷한 시기에 레오 러브Leo Loeb라는 독일의 병리학자는 기니피그의 피부세포를 떼어내 혈청 등과 함께 보관했다가 다른 동물에 이식하는 등의 실험을 통해 세포배양의 가능성을 알렸다.

세포배양이라고 부를 수 있는 최초의 기술은 미국의 발생학자였던 로스 그랜빌 해리슨Ross Granville Harrison이 발명했다. 그는 개구리의 배아조직에서 세포를 분리해, 림프액을 떨어뜨린 유리판 위에서 키우며 관찰하는 '매달린 방울hanging drop' 방법을 개발했는데, 1880년대에 박테리아를 연구하기 위해 사용되던 기술을 응용한 것이었다. 이 방법은 살아 있는 세포를 현미경 아래에서 살아 있는 상태 그대로 관찰할 수 있는 획기적 발명이었고, 세포의 분열 및 분화를 연구하는 데 크게 기여했다.[5]

인간이라는 이유로 선택된 암세포주

루가 달걀을, 해리슨이 개구리를 선택한 이유는 인간세포의 배양이 기술적으로 어려운 일이었기 때문이기도 하지만, 당시까지도 대부분의 생물학자들이 굳이 인간세포를 연구할 이유를 느끼지 못했기 때문이기도 하다. 예를 들어 20세기 초반 미국에서 발생학자로 시작해서 초파리 유전학의 조상이 된 모건도, 굳이 인간을 연구하는 것만이 생물학자의 사명이라고 생각하지는 않았다. 물론 클로드 베르나르가 의사로서 생리학의 기초를 정립했고, 세포학과 생리학의 탄생

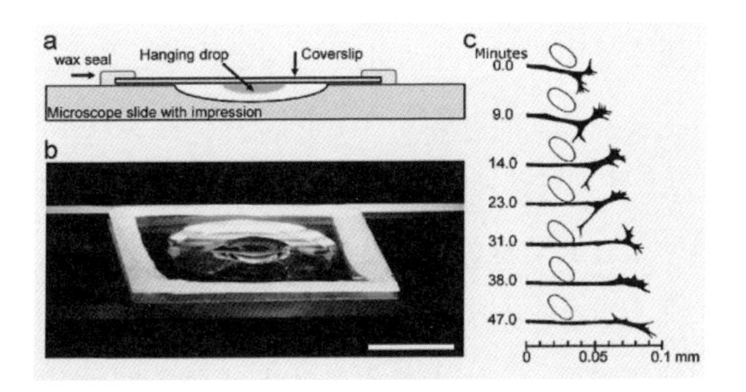

— 인간세포배양은 생물학 연구의 부흥에서 큰 역할을 담당했다. 최근엔 세포배양을 넘어 조직을 시험관에서 배양하는 오가노이드 기술이 주목받고 있다.[6]

이 의학과 불가분의 관계에 놓여 있긴 하지만, 20세기 초반까지만 해도 생명의 원리를 탐구하기 위한 호기심 자체를 존중하는 분위기가 있었고, 반드시 생물학자가 인간의 질병이나 건강에 연결되는 연구만 해야 한다는 강박도 없었다.

이런 분위기 외에도, 인간세포배양은 실제로 쉽지 않았다. 가장 큰 이유는 세포가 인체 내에 존재할 때 지원받는 영양성분을 정확히 재현할 방법이 당시에는 부족했기 때문이다. 인간이 달이나 화성에서 사는 게 어렵듯이, 인체의 내부에서 벗어난 세포를 인공적으로 키운다는 것도 쉬운 일이 아니다. 달이나 화성에 가야 지구가 제공하는 환경의 중요성을 알 수 있듯이, 세포를 따로 떼어낸 후에야 우리 몸이 얼마나 많은 종류의 세포들로 이루어진 생태계인지 알게 되는 셈이다. 그러니 얼마나 많은 과학자가 서로 다른 여러 종류의 세포주들을 확립하기 위해 실패했고, 또 얼마나 많은 조건들을 시험했는지 상상해보라. 20세기 초반의 세포학자들은 수많은 세포주들을 확립했고, 세포의 배양액과 혈청 등을 바꿔가며 완벽한 실험 조건을 찾기 위해 노력했다.

여러 학자들이 동물의 조직에서 떼어낸 세포를 다양한 영양분과 혈청을 제공해서 동물 밖에서 배양하는 데 성공했지만, 문제는 이런 세포주가 어느 정도 분열한 이후엔 사멸해버린다는 데 있었다. 이외에도 조직에서 세포를 떼어낼 때마다 조건이 달라지기 때문에, 세포주를 이용해 재현성 있는 연구를 한다는 건 쉬운 일이 아니었다. 이런 난관에 봉착했을 때, 형질전환된 세포 혹은 암세포주를 이용한 세포배양 방식이 개발된다. 세포주cell strain라 이름 붙여진 이 독특한 세포들은 무한하게 분열할 수 있는 능력을 지녔고, 따라서 동물세포 연구의 한계였던 재현성을 높여, 세포생물학의 발전에 크게 기여했다. 현재 우리가 보고 있는 세포배양 조건과 세포주 등은 모두 20세기 중반 미국을 중심으로 개발된 방법이다.[7] 20세기 중반, 분자생물학이 탄생하고 세계대전이 종식된 미국에서, 엔지니어였던 버니바 부시는 전쟁이 끝난 이후 미국이 지원해야 할 과학정책을 〈과학: 그 끝없는 프런티어Science: The Endless Frontier〉라는 보고서로 완성한다. 이 보고서에서 부시는 전쟁 당시 핵무기 개발을 가능하게 한 물리학처럼 생물학에 대한 투자는 암 정복, 전염병 극복, 무병장수 등을 가능하게 한다는 주장을 한다. 당시 신흥학문으로 떠오르던 분자생물학은 이후 암생물학과 불가분의 관계를 지니며 발전하게 된다.[8]

세포주 여왕 헬라의 탄생, 그리고 진화하는 암세포와 재현성 위기

1951년, 헨리에타 랙스Henrietta Lacks라는 자궁경부암 환자가 죽기 전 채취한 세포는 이후 헬라HeLa라는 이름으로 불리게 된다. 이 세포는 20시간마다 분열했고, 엄청난 생존력을 지니고 있었다. 그녀의 세포는 유족에게 아무런 통보도 없이 사용되었고, 불멸의 세포로 알려지며 소아마비 백신, 항암 치료제와 에이즈 치료제 개발, 파킨슨병 연구, 시험관 아기의 탄생, 유전자 지도의 구축 등 전방위로 생물학 발전에 기여했다. 헬라세포는 우주선과 함께 우주로 나가기도 했으며, 현재는 전 세계로 퍼져나가 20톤이 넘는 양으로 증식했다.[9]

20세기 중반, 생물학은 분자생물학으로 거듭나면서 물리학의 세기를 생물학의 세기로 역전시켰다. 과학의 주인공은 생물학이었고, 유전공학과 인간유전체계획 같은 거대한 프로젝트는 생물학이 인간의 질병을 정복하고, 건강한 삶을 보장한다는 기대를 부풀렸다. 물론 생물학은 백신을 개발하고, 다양한 질병 치료제 개발을 위한 기초적 지식을 밝히며 이런 기대에 부응해왔다. 하지만 동시에 20세기 중반의 미국에서 분자생물학은 의생명과학이라는 분야로 변형되기 시작했다. 이 분야가 미국국립보건원NIH의 연구비를 지원받는 대부분의 분야를 지칭하기 시작하면서, 어느새 기초생물학 연구는 이런 지원에서 점점 멀어진다. 암세포주의 확립과 이를 사용한 연구는 이런 변화의 중심에 놓여 있다.

글 초반에 언급된 293세포나 헬라세포를 이용해 질병 치료제를 연구하려는 시도는 20세기 중반부터 지금까지 꾸준히 이어져왔다. 특히 세포 내에서 분자의 기능과 분자적 기제를 연구하는 분자세포생물학에서, 이런 암세포주는 교과서처럼 통용되는 전 세계의 보편적 실험도구였다. 하지만 이런 세포주를 이용한 연구에 경종을 울리는 연구들이 계속해서 발표되고 있다.[10] 1960년대 이후 전 세계에서 사용되고 있는 400여 종의 세포주의 정체가 잘못 확인된 것으로 드러났고, 세포주가 유래한 종을 오인하고 있는 경우도 종종 있었다고 한다. 특히 두경부암 유래 세포주 122가지를 대상으로 실시한 연구에서는 30%가 넘는 세포주가 엉뚱한 것으로 확인된 적도 있다. 심지어 세포주의 15% 이상이 오염되어 있다는 통계도 있다.[11]

이런 세포주를 이용한 실험은 지난 50년 동안 활발하게 수행되어 왔고, 때로는 항암표적물질의 발견에 공헌하고, 때로는 세포내의 분자적 기제를 밝히며 과학의 발전에 기여해왔다. 하지만 언젠가부터 이 불멸의 세포주들은 세계의 각지에서 환경에 적응하며 진화하기 시작한 것으로 보인다. 어느 곳에서나 재현이 가능한, 동일한 클론이라고 생각했던 세포주들이 50년이 지난 지금은 모두 다른 종처럼 분화해서 염색체의 수도 다르고, 누적된 돌연변이의 종류조차 다른 정체불명의 세포주로 진화해버린 것이다. 이건 단순히 세포주가 오염된 것과는 다른 차원의 문제일 수 있다. 특히 의생명과학의 재현성이 의심받는 현재의 상황에서,[12] 마치 인간 질병을 치료할 신약을 개발하는 것처럼 포장된 연구의 주요 재료가 정체를 알 수 없는 세포주라면, 우리는 세포주를 통한 연구에 진지한 의문을 던질 필요가 있다. 그리고 실제로 〈네이처〉와 다양한 학술지를 통해 최근 발표되고 있는 보고에 따르면, 이렇게 진화한 세포들은 약물 저항성에서도 확연하게 다른 차이를 보이는 등, 인간 질병 치료를 위한 연구라는 목적에 부합하는지의 여부를 따져 물어야 할 정도로 부적합한 모델인지 모른다.[13]

지난 반세기 동안 분자생물학의 발전으로 비롯된 분자적 기제 연구의 도구로 불멸의 세포주들은 생물학자들의 사랑을 받아왔다. 하지만 그 반세기 동안 수십만 번의 분열을 통해 완전히 다른 세포주로 진화한 이들을 표준으로 삼아 재현성 있는 연구를 수행할 방법은 요원해 보인다. 어쩌면 세포주 연구는 곧 종말을 고할지도 모른다.

29

인간과 과학자 — 과학과 인본주의

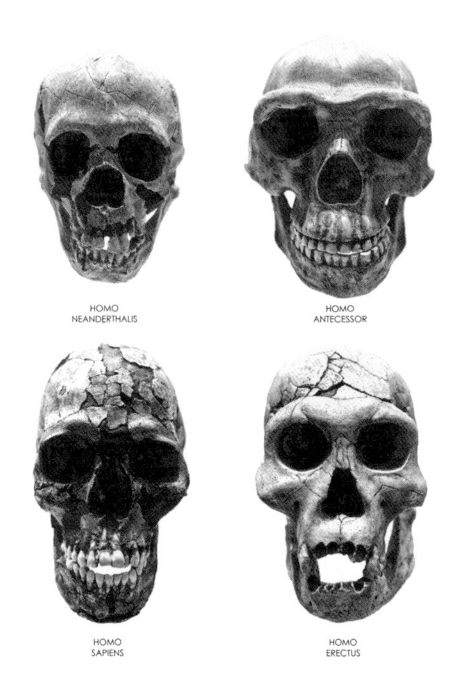

"인간적인 것 가운데 나와 무관한 것은 없다."[1]

푸블리우스 테렌티우스 아페르 Publius Terentius Afer

"모든 것은 의심해보아야 한다."[2]

데카르트

사람의 학명은 '호모 사피엔스 사피엔스', 생각해보면 우스꽝스러운 작명이다. 분류학의 창시자 린네는 인간이라는 종의 가장 큰 특징을 '슬기로운'이라고 생각했다. 린네가 인간의 학명을 짓던 당시로 돌아가, 왜 인간의 특징으로 슬기로움이 선택되었을까 상상해볼 수 있다. 칼 폰 린네는 18세기 초에 태어나 18세기 말에 죽었다. 그는 귀족이었고, 스웨덴 사람이었으며, 독실한 기독교 신자였다. 린네는 서구 기독교 관점의 '존재의 대사슬Great chain of being'(서구 기독교의 관점으로, 신에 의해 선언된 모든 물질과 생명에 대한 엄격하고도 종교적인 위계 구조)에서 인간의 위치를 '슬기롭게' 비꼬았다. 원래 인간은 신이 만든 존재이며 천사의 바로 아래에 존재해야 하는데, 그는 인간을 영장류에서 가장 '슬기로운' 종으로 격하시켰기 때문이다.

인간: 과학을 발명한 동물

인간에 대해 알려진 생물학적 정보는 생략하고, 우리가 흔히 간과하기 쉬운 인간의 몇몇 특징을 기술해보자. 먼저 인간은 대형 포유류에 속한다. 바로 이 사실로 인류가 아프리카에서 이동하면서 벌어진 대형 포유류의 멸종이 설명된다. 최근 연구에 의하면 대형 포유류 대부분이 아프리카에 분포하는 이유도, 아메리카 대륙의 대형 포유류가 급격히 멸종한 이유도 모두 인간의 이동으로 설명된다.[3] 인간은 크고, 큰 잡식성 포유류의 급속한 확산과 이동은 다른 동물들에게 큰 해가 된다. 인간은 주행성이다. 어쩌면 다른 많은 대형 포유류가 야행성인 이유는 인간을 피해 살아남은 종들이 대개 야행성 동물이었기 때문일 수도 있다. 직립보행을 하는 동물은 꽤 있지만, 그중 인간은 대부분의 삶의 과정을 직립으로 활동하는 유일한 동물이며, 그로 인해 진화적 수선 과정에서 허리에 무리가 가는 구조를 지니게 되었다. 인간의 가장 큰 특징으로 언어능력이 꼽히기도 하지만, 인간 외에도 다양한 신호로 커뮤니케이션을 수행하는 종이 있다. 대부분의 진사회성 곤충과 조류, 그리고 고래류는 인간과 유사한 의사소통 능력을 보유하고 있다.

인문학자들은 인간의 도덕감정과 인간이 만들어낸 여러 제도들, 예를 들어 민주주의와 자본주의를 통해 인간과 동물의 차이를 지적하려 할지 모른다. 하지만 인간의 도덕감정과 제도들이 인간의 본성에 속한 것인지, 아니면 인간이 진화한 이후 겨우 수천 년 동안 만들어낸 문명과 제도들과 공진화한 흔적인지, 아직 명확한 답은 존재하지 않는다. 인간이 만든 문명이 존재하지 않는다고 가정했을 때도 여전히 인간의 특징이 될 만한 무엇, 인간이 이룩한 모든 것을 가능하게 한 그 특징을 꼽아야 한다면, 아마도 인간은 무엇을 만드는 동물이라는 점일 테다. 그리고 인간은 만든 것을 공유한다.

모든 인간은 엔지니어의 본성을 지니고 있다. 아무것도 하지 않고 있을 때에도, 인간은 끊임없이 무언가를 만들고 있다. 글을 쓰고, 노래를 부르고, 단체를 만들고, 정원을 꾸미는 일이 그렇다. 그리고 무엇보다도 인간 대부분이 직업을 갖고 있는데, 바로 그 직장에서 하는 일들이 무언가를 만들어나가는 일이다. 우리는 모두 엔지니어로 태어났다. 단순히 도구를 만드는 장인이나, 우주선을 만드는 이들만 엔지니어가 아니다. 종이를 접고, 화단을 가꾸고, 요리를 하는 모든 창작의 행위가 엔지니어링이다.

인간이 엔지니어라면, 인간이 만든 가장 위대한 도구가 무엇일지 고민해볼 수 있다. 인류가 멸종하고 난 후의 세계를 외계인이 조사한다고 상상해보자. 이 방법은 우리가 멸종한 공룡의 흔적이나 원시인류의 흔적을 뒤지며 그 세계를 상상하는 것과 같다. 과연 인류는 인류가 사라진 지구를 찾은 외계인에게 어떤 방식으로 각인될까? 거대한 건축물들이 인간을 상징할 수 있을까? 인류가 남긴 그 수많은 서적과 영상자료는 인류의 특징으로 기억될까, 아니면 그저 그런 화석들과 비슷한 취급을 받게 될까? 정말 인간의 두뇌가 다른 종과 인간을 분류하는 특징이라면, 그 인간의 두뇌로 인간이 이룬 가장 위대한 업적은 무엇일까? 외계인은 과연 무엇을 인간의 가장 위대한 업적으로 간주하게 될까?

이와 같은 사고실험에 정답은 존재할 수 없다. 하지만 만약 외계인 사고실험을 다른 사고실험과 연결시켜본다면, 우리는 망설임 없이 그것은 기술이며 또한 과학이라고 말하게 될지 모른다. 그 사고실험은 이런 것이다. 만약 내일 당장 예술가 모두가 지구에서 사라진다면 지구는 어떻게 될까? 혹은 대학교수 전부가 사라진다면? 혹은 정치인이나 군인 모두가 사라진다면? 대부분의 경우에 인류에게 분명히 위기가 닥치긴 하겠지만, 그런 직업을 가진 사람들이 없다고 해서 바로 인류가 멸종하거나 망하기는 어렵다. 하지만 그런 최악의 경우가 분명한 직업군이 있다. 바로 그들이 엔지니어다. 내일 당장 지구상의 모든 엔지니어가 사라진다면, 발전소는 멈출 것이고 모든 전자기기가 작동을 멈추게 된다. 엔지니어들이 없는 인류는 즉각적인 위험에 처할 수밖에 없다. 과학자는 어떨까? 과학이 없는 세상은 어떤 모습일까? 재미있게도, 과학자가 없는 세상은 상상할 수 있고 아름답지는 않겠지만 지속가능할지 모른다. 단, 그 세상의 엔지니어들은 결코 새로운 기술을 개발하거나 시험할 수 없게 될 것이다. 인류는 그때의 기술적 도달 상태에서만 겨우 살아갈 수 있다. 과학은 기술의 도약을 돕는 방식으로 인류에 기여한다. 따라서 과학자가 없는 세상은 가능하지만, 진화할 수 없다.

지구를 방문했던 외계인은 분명 인류가 이룬 기술적 혹은 공학적 업적으로 인류를 기억하게 될 공산이 크다. 인류가 만든 우주선, 거대한 발전소와 수많은 자동차의 흔적은 인간이 끊임없이 기술을 개발하고 자연에 적응하며 살아왔던 종임을 보여줄 것이다. 하지만 만약 그 외계인들 중에 통찰력이 깊은 역사가 혹은 철학자가 있어 인류의 기술적 발전의 배후에 존재하는 원동력을 찾아 헤매게 된다면, 그는 무엇을 찾게 될까? 나는 그것이 과학일 것이라고 생각한다. 많은 사람이 인간의 가장 위대한 특징으로 예술에 대한 탐미성을 들겠지만, 나는 과학이야말로 인간이 만들어낸, 가장 위대한 발명이라고 생각한다.

과학과 인본주의

외계인은 인간이 이룬 기술적 업적에 경도되어 그 배후에 놓인 과학이라는 위대한 여정을 만나게 됐다. 이제 그 외계인은 이런 생각을 할지 모른다. 과학은 정말 기술의 도약과 진화에만 기여했을까? 수천 년간 존재했던 인간사회는 과연 엔지니어들이 만든 물리적 비계들에 의해서만 가능했을까? 아니면, 그 거대한 도시들과 수십억의 인구를 존속시킨 정신적 비계는 무엇이었을까? 외계인은 인류 역사에 기록된 수많은 전쟁사를 분석하면서 인류의 생존이 가능했던 다른 이유를 반드시 찾으려 할 것이다. 왜냐하면 기술적 진보가 인류를 척박한 자연에서 생존하게 한 가장 하부의 구조라면, 인류가 기술적 진보 후에 대규모 전쟁을 벌이면서도 완전히 멸종하지 않은 이유에 대한 답은 인류의 다른 특징이 줄 것이기 때문이다.

자명하게도, 그 답은 인류가 소중히 여기는 정신, 인본주의다. 나는 인류가 대량살상무기를 들고도 멸종하지 않는 이유가 종교에서 나오지 않는다고 생각한다. 오히려 종교는 그런 멸종을 가속화하는 경향이 있다. 십자군 전쟁부터 현재 벌어지고 있는 지구상 대부분의 갈등에 거대 종교가 놓여 있다. 오히려 인본주의적 정신은 종교가 초래한 비극에서도 인류를 구해온 소중한 자산이다. 이제 외계인은 인간이 그토록 번성한 두 가지 이유로 기술과 인본주의를 찾았다. 그리고 아마도 그 외계인은 물을 것이다. 인본주의는 그 자체로 지속 가능한 정신인가. 아니면 기술의 진보처럼 다른 어떤 체계에 의해 지지되어야만 계속 사회를 지탱하며 진보할 수 있는가.

인본주의는 민주주의와 같은 제도를 만들며 인류의 생존에 기여해왔다. 인간의 내재된 본성이 얼마나 인본주의적인지에 대한 연구 결과는 없다. 하지만 인간의 이타성과 호혜주의에 대한 여러 인류학과 경제학의 연구들은 인간의 호혜적 본성에 대한 어느 정도 분명한 근거를 제시한다. 인류는 제법 잘 돕는 원숭이다.[4] 인류가 서로 도우려는 최소한의 본성을 지닌 원숭이이고, 민주주의처럼 평등을 추구하는 제도를 만들어왔다고 해도, 인류사회는 여전히 불공평하고 양극화된 구조를 벗어나지 못하고 있다. 또한 인본주의적 정신과 민주주의적 제도들은 진화하는 사회의 구조에 필요한 사회적 건강성을 완벽하게 뒷받침하지 못한다. 인본주의가 인류를 보조하려면 다른 장치가 필요하다.

예를 들어보자. 최근 미국사회엔 백신이 자폐증을 유발한다며 이를 거부하는 부모들의 숫자가 급격히 증가하고 있다. 인본주의의 관점에서 이들이 지닌 문제를 어떤 방식으로 해결할 수 있을까? 백신을 맞지 않으면 그 아이들은 보균자가 되고, 결국 전염병이 퍼져나가는 매개체가 되어 다른 아이들에게 위협이 된다. 단지 자신의 자식에게 백신을 주사하지 않는 문제가 아니라, 사회 전체에 영향을 미치는 문제가 된다. 이를 금지하려면 민주주의 제도의 법이 필요하고, 그 법의 제정엔 근거가 필요하다. 그 근거를 제공해주는 지식은 모두 과학에서 나온다. 언젠가부터 인본주의가 만들어낸 민주주의적 제도들은 바로 이런 방식으로 알게 모르게 과학에 크게 의존하게 되었다. 독성 물질을 억제하고, 배기가스 배출 한계를 만들고, 식품첨가물을 규제하는 모든 법의 기반에 과학이 존재한다. 이제 인본주의와 민주주의, 그리고 그 정신과 제도가 크게 의존하는 법률체계는 과학적 지식이 제공하는 단단한 기반 없이는 사회에서 근거를 획득하지 못한다. 바로 그것이 '과학적'이라는 말이 사회에서 권위처럼 받아들여지는 이유이다.[5]

과학자: 곧 사라질 모델생물

인간은 과학을 발명한 동물로 역사에 기록될 것이다. 그렇다면 인간이 멸종한 이후 지구를 찾은 외계인은 여러 직업군 중에서, 특히 과학자라는 존재에 대해 탐구하려 할지 모른다. 그리고 어쩌면 그 외계인은 다음과 같은 결론을 내릴지 모른다. 과학자, 호모 사피엔스의 생존에 가장 큰 기여를 했지만, 사회에서 그만한 보상을 받지 못하고 역사 속으로 사라진 직업. 우리의 여정에서 마지막으로 다룰 모델생물은 과학자다. 과학자를 하나의 모델생물로 다루는 것이 농담처럼 여겨질 수도 있지만, 과학에 대해 낭만적이기만 한 사회적 편견을 뒤집을 하나의 기회로 이 장을 활용하려고 한다. 과학자는 곧 멸종할 것이다.

왜 과학은 인간적이어야 하는가

과학의 가치가 단순히 기술적 진보를 보조하는 수단으로, 경제적 가치를 창출하는 도구로 여겨져서는 안 된다는 발언은 대중의 감성에 호소하거나, 기초과학의 연구비를 지키기 위한 논리로 자주 동원되곤 한다. 과학은 있는 그대로 소중하다. 하지만 그 논리가 만약 다른 곳에도 적용된다면 사회는 어떤 반응을 보이게 될까? 정치는 있는 그대로 소중하다. 종교는 있는 그대로 소중하다. 사회가 그나마 상식을 유지하는 이면에는 무언가의 쓸모를 끊임없이 따지고 평가하고 실수를 반복하지 않는 과정이 숨어 있다. 과학도 마찬가지다. 과학의 있는 그대로의 가치를 주장하는 이들은 과학의 문화적 가치를 강조하는 경향이 있으며, 그 속에서 암묵적으로 과학을 예술과 같은 활동으로 비유한다. 하지만 조금 더 생각해보면 과학이라는 지식추구 활동이 예술과는 전혀 다른 체계에서 기능한다는 것을 알 수 있다.

예술은 그 자체로 물질적 가치를 창조해내지 못한다. 미술작품의 거래나, 음악의 저작권은 모두 인간 생존에 관계된 활동이어서 가치를 획득하는 것이 아니라, 기본적인 사회의 물질적 조건이 충족된 이후에 여가로서의 가치를 획득하게 되는 것이다. 예술이 사라지면 사회가 그 구조를 지탱할 수 없는지 물어보면 된다. 사회가 메마를 수는 있지만, 예술의 가치는 의식주에 대한 추구와는 다른 수준에서 찾아야 한다는 건 자명하다. 하지만 과학은 조금 다르다.

과학이 사라진 사회는 진보하지 못하거나, 곧 멸망한다. 대부분의 사람들은 나치와 같은 파시즘과 전쟁의 광기에서 우리를 구해낸 것이 인본주의 혹은 예술적 감수성이라고 생각하는 경우가 많지만, 무엇이 정말 사회에서 받아들일 수 없을 정도로 그릇되었다거나, 사회에서 감내할 수 없을 정도로 나쁜 것이라는 판단을 내려야 할 때, 우리가 최후로 마주하고 기대야 하는 것은 과학뿐이다. 사회가 복잡해지고, 인류에게 과학이 선사한 풍부한 상식이 존재한 이후 대부분 사회적으로 합당한 결정의 배후엔 과학이 있다. 이제 정치인들은 근거가 빈약한 정책을 함부로 펼치지 못하며, 의사들은 효과가 없는 약을 환자에게 투여할 수 없고, 법조인들은 과학이 제공하는 건강한 상식을 넘어서는 판결을 할 수 없다. 과학은 비인간적으로도 보일지도 모르는 건조한 발견들을 묵묵히 쌓으면서 사회를 지탱해왔다. 또한 근거에 기반한 토론과 합리성이야말로 사회적 합의와 진리에 이르는 길이라는 것을 가르치며, 과학은 사회를 지탱하고 있다. 따라서 과학은 인간적인 활동이기 때문에 인간적인 것이 아니라, 오히려 인본주의가 스스로는 결정조차 할 수 없는 사안들에 대한 굳건한 근거를 제공함으로써 인간적이다. 그 근거는 때론 인본주의자들에게 비인간적으로 보일지 모르며, 반사회적으로 보일 수도 있다.

따라서 과학과 인본주의를 연결시키고자 하는 노력에서 가장 중요한 이들은 과학자다. 그 말은 과학자라는 직업이야말로, 과학이 사회를 지탱하는 마지막 보루일 수 있다는 뜻이기도 하다. 과학자는 왜 중요한가? 과학적 활동에 참여하는 과학자야말로 사회의 상식을 지키는 마지막 파수꾼이 될 상황이 언제든 초래될 수 있기 때문이다. 사회의 상식은 공짜가 아니다. 그 상식은 과학과 과학자라는 존재들의 훈련에 깊고 넓게 투자한 사회만이 얻을 수 있는 이익이기도 하다. 랜슬롯 호그벤은 바로 이런 과학의 사회적 특성을 일찍 알아챈 인물이며, 그런 고민 속에서 '과학적 인본주의'라는 철학을 만들고 사회를 변화시키고자 노력한 과학자다.

과학적 인본주의를 향해서

먼저 왜 인본주의가 독립적으로는 사회의 상식을 지탱할 수 없는지 분명히 할 필요가 있다. 이 문제는 생각보다 간단하게 논증되는데, 우리 사회가 철학자에게 사회의 중요한 판단 대부분을 맡길 수 있는지에 대한 사고실험이면 된다. 철학자는 훌륭한 교육학자일 수 있고, 교육정책에 지대한 영향을 미칠 수 있다. 하지만 보다 전문적인 판단이 필요해지는 영역으로 옮겨가게 되면, 철학은 그 학문이 보여주는 다양하고 끊임없는 논쟁의 과정처럼 어떤 확실하고 긴요한 판단을 내리는 데 거의 쓸모가 없음을 보여줄 뿐이다. 철학은 과학이 방법론으로 사용하는 '실험'이라는 과정을 사용하지 않기 때문이다. 철학과 과학은 모두 토론과 논증이라는 합리성을 보장하는 방법론을 공유하지만, 오직 과학만이 실험이라는 과정을 통해 이론을 시험하고 진보해나간다. 철학은 오직 텍스트와 논증 안에서 느리게 이 작업을 수행할 수 있을 뿐이다.

따라서 과학은 인본주의가 지니지 못한 견고함과 정확함으로 사회가 단호한 결정을 내릴 때 도움을 준다. 물론 과학적 방법이라고 완벽할 수는 없다. 대부분의 과학지식은 전문적이거나 지엽적이며, 사회가 내려야 하는 거대한 정책적 결정 앞에 무력한 경우가 많다. 하지만 과학은 그 결정이 내려지는 방식이 근거에 기반해야 하며, 언제든 그 결정이 오류일 수도 있다는 과학자들에게는 너무나 당연한 상식을 보여줌으로써 결정의 효율성을 담보할 수 있다.

마지막으로, 과학과 인본주의가 사회를 지탱하는 방식에 대한 이 모든 논증은 과학이든 인본주의든 사회와의 연결을 통해서만 그 의미를 획득할 수 있다는, 학문의 사회적 기능에 대한 사상을 기반으로 한다. 그 사상은 멀리는 물리학자 존 버널John D. Bernal에게서 기원했으며, 이후 1930년대 영국의 과학자이자 좌파활동가였던 조지프 니덤, 존 홀데인, 랜슬롯 호그벤, 하이먼 레비 등을 중심으로 퍼져나갔다. 버널과 그를 따르는 좌파과학자들에게 과학은 단순한 지식추구 활동을 넘어 사회적 기능을 지니는 운동이었고, 그래야만 했다. 그래서 호그벤은 그의 책《시민을 위한 과학》의 제1장, '북극성과 피라미드'의 첫머리를 마르크스의 유명한 경구 "지금까지 철학자들은 세계를 해석하기만 했다. 하지만 중요한 것은 세계를 변화시키는 것이다"로 시작했다. 마르크스의 경구에 이어 호그벤은 '그 어떤 구절도 과학적 세계를 바탕으로 하는 인본주의 철학의 관점을 이보다 더 잘 설명할 수 없을 것'이라고 말한다. 즉, 호그벤에게 과학을 통해 다시 쓰는 인본주의 철학이야말로 세상을 변화시키는 강력한 방법이었던 셈이다.

그는 계속해서 말한다. "과학은 고도로 조직화된 작품이며, 그 역사는 문명의 삶과 함께 존재해왔다. 과학의 역사는 또한 건설적이고 긍정적인 인간의 성취의 역사이며, 바로 그 좋은 지식들을 민주화하는 과정이기도 했다." 그리고 그는《시민을 위한 과학》을 쓴 이유를 분명하게 밝힌다. "이 책은 과학이라는 인간 성취의 기록을 통해 그 성장이 어떻게 인류의 필요에 부응했고, 인류복지에 새로운 장을 열 것인지에 대한 이야기다. 그러기 위해선 우리는 우리에게 주어진 자원, 과학을 현명하게 사용해야 한다."[6]

랜슬롯 호그벤은 영국에서 태어났지만, 평생 외국을 떠돌며 힘들게 교수생활을 하다 런던정경대학에서 마련한 최초이자 마지막이 된 '사회생물학social biology' 교수 자리에 앉아 다양한 학술, 사회 활동을 진두지휘한 인물이다. 생물학자로 그는 다양한 모델생물을 연구했지만, 초파리의 후각 연구에도 기여했다.[7] 생물학자이자, 수학을 도구로 사용하는 수리생물학의 세계적인 과학자였던 호그벤은 과학을 상아탑에 가두는 것이야말로 과학이 역사 속에서 존재해온 방식에 대한 배신이라고 생각했다. 그 근거는 과학이 발견하고 쌓아올린 지식 때문이 아니라, 과학이라는 발견의 과정을 통해 사회가 당면한 여러가지 문제들을 해결하는 방식에 변화가 생기기 때문이었다. 즉, 호그벤은 '과학을 교육'하는 것이 아니라, '과학을 통한 교육'이 근대 시민에게 반드시 필요한 과학교육이라는 철학을 가지고 있었다.[8]

따라서 그에게 생물학 교육은 '개인이 시민정신의 책임감에 관련하여 지적으로 갖추어야 할 핵심적인 부분이며 생물학의 교육과정의 내용을 결정할 때에는 인류의 필요성에 가장 관련 있는 측면들이 부각될 수 있도록' 만드는 방식이어야 했다. 즉, 전문 생물학자가 되지 않을 학생들에게, 생물학 교육은 그들이 사회에서 만나게 될 다양한 생물학과 연관된 주제들에 대한 연결점이 되어야 하는 것이다. 바로 이런 이유 때문에 호그벤은 '개인을 위한 지식, 개인의 호기심을 만족시키는 지식의 추구'로 규정되는, 지식 그 자체를 위한 지식은 교육이라는 지극히 사회적인 행위의 정당화 근거가 될 수 없다고 보았다. 아이들에게 과학을 단지 호기심으로 접근하게 만드는 현대 교육자들에게는 놀라운 이야기일지 모르지만, 호그벤은 개인적 호기심은 필요조건이긴 하지만, 과학의 교육에서 존재 근거는 아니라고 보았다. '만약 개인적 호기심이 생물학 공부의 유일한 정당화라고 한다면, 이를 학교의 한 교과로 장려할 충분한 이유가 되지 않는다. 생물학이 인간적인 학문의 한 분과로서, 즉 시민의식의 책무성에 대한 개인의 지적 소양의 본질적 부분으로서의 신임장을 확립할 수 있을 경우에만, 생물학은 보통교육 내에 자리매김할 수 있는 정당화가 가능한 것'이기 때문이다. 즉, 사회와 연결되지 않은 생물학 교육은 사회에 나가 과학과 사회를 전혀 연결할 수 없는 시민을 양산하게 되고, 그 경우에 사회는 과학교육으로부터 그 어떤 이익도 얻지 못한다는 것이다. 단순한 호기심의 추구를 통한 과학교육이 과학자가 될 아이에게는 매우 중요한 것인지 모르지만, 그 경우에도 자신의 과학과 사회적 이익을 전혀 연결시키지 못하는 과학자 그리고 시민이 탄생하게 된다면, 과학교육의 목적은 달성되지 않은 것이다.

따라서 호그벤이 《시민을 위한 과학》을 통해 이루고자 한 목표는 '과학의 역사적, 철학적 측면을 통해 과학과 사회의 관계에 대한 비판적 이해를 돕고 또 이러한 학습을 통해 보다 지적으로 깨어 있고 과학정신으로 무장된 노동자를 양성하는 것'이었다. 그는 사회주의자였고, 노동자들을 위한 건강한 사회에서 과학의 역할을 끊임없이 고민한 사상가이기도 했다. 그리고 그는 자신의 사상에 '과학적 인본주의scientific humanism'이라는 이름을 붙였다.

"만약 나의 삶의 신조에 대해 이름을 붙이라는 요청을 받았다면, 지금 나는 그것을 과학적 인본주의라고 부르고 싶다. 과학적 인본주의 역시 새로운 의미의 사회적 관련성을 지닌 지식을 추구하기 위해 교육의 내용을 대 대적으로 개혁해야 한다는 주장을 펴는 것이다. 과학적 인본주의자는 이와 같은 방식으로 인식된 교육이야말로 진정한 사회의 발전에 필요 불가결한 전제조건이라고 믿는다."[9]

당시의 영국에서 호그벤은 급진주의자 동료들인 버널, 홀데인, 레비, 니덤, 패트릭 블라켓 등과 함께 빨갱이 과학자red scientists라는 비판을 받았다. 실제로 급진적인 사회주의 운동에 참여했던 이 독특한 과학자들의 존재는 과학의 역사에서 매우 독특한 입지를 점유하고 있기도 하다. 엔지니어나 예술가처럼 사회의 변화에 직접 참여할 수 있는 산출물을 만들어내지 못하는 과학자 사회가, 사회 속에서의 과학의 의미를 때로는 역사에서, 때로는 교육과 정치활동에서 찾아나가는 과정은 20세기 중반이 지나 과학이 미국이라는 거대한 자본주의의 체계로 이주하고, 대학과 정부와 학술지라는 삼각동맹이[10] 과학자들을 잠식하기 시작하면서, 서서히 잊히기 시작했다. 스티븐 제이 굴드, 리처드 르원틴, 존 벡위드 등의 과학자들이 영국의 이 전통을 물려받아 '민중을 위한 과학science for the people'등을 시작했지만, 곧 그 원동력은 사그라들었다.[11]

이제 호그벤 같은 과학자는 거의 존재하지 않는다. 더 절망스러운 사실은 더 악화되는 과학계의 구조적인 불평등 속에, 호그벤과 같은 과학자가 이젠 등장하지 못할 것이라는 절망적인 현실이다. 현대사회는 호그벤이 살던 때보다도 훨씬 소극적으로 과학을 지원한다. 과학은 경제적 도구 혹은 대학의 장사 밑천일 뿐이며, 호그벤 같은 과학자는 이제 곧 멸종할 것이다. 나는 이번 세기에 우리가 정말 과학정신을 지닌 과학자 대부분을 잃을 것이라고 생각한다.

과학자의 멸종을 막는 방법

1930년대의 영국사회는 자본주의와 사회주의가 격돌하는 이념충돌의 장이었고, 자본주의와 산업화가 진행되면서 사회가 격변하고 있었다. 사회에 대한 감수성을 지녔던 과학자들은 자신의 과학과 갈림길에 선 과학을 모두 구하기 위해 과감히 사회운동에 뛰어들었다.[12] 그들 중에서 물리학자 폴 랑주뱅Paul Langevin은 자신이 과학자로서의 정체성을 지닌 채 사회운동에 뛰어든 이유를 이렇게 묘사했다.

> "내가 할 수 있는 과학 연구는 다른 사람들이 할 수 있고 또 할 것이다. 머지않아 그렇게 될 수도 있고, 한동안 시간이 걸릴 수도 있다. 그러나 정치적 활동이 없다면 미래에 과학은 아예 존재할 수 없을 것이다."[13]

길게 돌아왔지만, 만약 과학이 빠르게 발전하는 테크놀로지의 홍수 속에서 살아남을 필요가 있다면, 그것은 1930년대 과학적 인본주의를 주장했던 그 과학자들이 찾아낸 결론, 즉 과학이 사회적 기능을 지니고 있으며 그것은 단지 경제적, 기술적 발전을 보조하는 것이 아니라, 문화적 혹은 정치적으로 사회를 떠받친다는 필수불가결한 이유 때문일 것이다. 과학이 당장 사라진다 해도 사회는 멸망하지 않지만, 서서히 그렇게 될 것이다. 그리고 과학은 과학적 지식이 아니라, 과학적 발견 과정 혹은 과학적 방법론에 대한 교육을 통해 시민의식의 성장을 돕는다. 마찬가지로 과학은 바로 그 과학적 방법론과 발견의 과정을 통해 인본주의가 전담해오던 사회의 방패 역할을 보조하게 된다. 인문학이 위기에 빠진 현대사회에서 이제 과학과 인문학은 바로 위와 같은 방식으로만 사회 속에서 함께 기능할 수 있다. 경제적 도구주의와 양극화로 치닫는 자본주의적 질서 속에서 과학과 인문학은 과학적 인본주의를 통해 사회의 버팀목이 되어야 한다.

우리가 아는 과학은 곧 사라질 위기에 처해 있다. 우리가 지금까지 살펴본 모델생물들 중에서 앞으로 몇십 년 후에도 모델생물로 살아남을 종은 얼마 되지 않을 것이다. 이미 생쥐와 원숭이 같은 종이 인간과 가깝다는 단편적인 이유로 대부분의 과학 연구비를 독식하고 있다. 과학의 다양성은 훼손되었고, 과학정신은 사치가 되었다. 과학자는 서서히 멸종 중이다.

과학자의 멸종을 막는 방법은 다시 한 번 과학을 통해 사회적 운동에 동참하는 일이다. 이제 과학자는 상아탑이 아니라 사회 속으로 걸어나와야 하며, 바로 그곳에서 과학의 사회적 기능을 몸으로 보여주어야 한다. 입이 아니라 손이, 과학을 구할 것이다.

30

야생 속으로

"어쩌면 나는 꿈꾸는 이상주의자인지 모른다. 나에겐 내가 말한 것들을 이룰 만한 능력이 없을지 모른다. 하지만 거기에 그 가치 있는 생각이 조금이라도 남아 있다면, 나는 우리의 과학과 의회의 이익을 위해 누군가 이러한 일들을 실천해줄 것이라 믿는다."[1]

아우구스트 크로그

인슐린과 사랑

아우구스트 크로그는 1874년 덴마크에서 태어난 생물학자다. 그는 코펜하겐 대학에서 생리학 교수를 지냈고, 개구리의 피부호흡과 폐호흡을 연구하다가 모세혈관에 대한 연구로 노벨생리의학상을 수상했다. 그는 또한 비교동물학의 선구자로, 다양한 동물종의 장기와 기관을 비교하는 연구의 장을 연 인물이기도 하다. 크로그는 비교동물학 연구를 위해 그린란드 원정대에 참가해 북극의 동물들을 연구할 정도로 정열적인 과학자였고, 대부분의 연구를 그의 부인인 마리 크로그Marie Krogh와 함께 수행했다.[2] 그는 부인 또한 진심으로 사랑한 과학자였다.

마리는 이른 나이에 당뇨병에 걸려 고생하고 있었는데, 1920년 노벨상을 수상한 크로그는 미국을 방문하던 도중 캐나다 토론토의 과학자들이 인슐린을 추출했다는 소식을 듣고, 그 길로 바로 토론토로 향한다.[3] 아내 마리의 당뇨병을 치료할 수 있다는 희망 때문이었다. 그는 캐나다의 과학자 존 매클라우드J.J.R Macleod를 만나 북유럽에서 인슐린을 생산 및 판매할 수 있는 권리를 받아 덴마크로 돌아온다. 크로그는 마리와 함께 '노디스크인슐린연구소Nordisk Insulin laboratorium'를 세워 인슐린을 생산하기 시작했다. 이렇게 세워진 연구소는 현재 노보노디스크Novo Nordisk라는 회사로 성장했고, 지난 90년간 세계 인슐린 시장에서 1위 자리를 굳건히 지키고 있다.[4] 크로그의 아내에 대한 사랑이 덴마크의 국부로 변한 것이다.

크로그의 원칙

크로그의 원칙은 다양한 생물학의 문제들을 해결하고자 할 때, 그 문제에 딱 들어맞는 동물을 반드시 찾아낼 수 있다는 경험칙을 말한다. 크로그는 생리학이 진보하기 위해 생물학자들이 더 다양한 생물종을 연구할 필요가 있으며, 생물학적 질문에 걸맞는 생물은 반드시 찾을 수 있다고 생물학자들을 격려했다.[5] 하지만 그가 제창했던 이 원칙은 이미 그보다 이른 60년 전에 프랑스의 위대한 생리학자 클로드 베르나르에 의해 자세히 논증된 바 있다. 1865년 클로드 베르나르는 그의 책《실험의학방법론》에서 다음과 같이 말했다.

"과학 연구에 있어 가장 사소해 보이는 과정이 가장 중요할 때가 있다. 목적에 맞게 잘 선택한 동물, 아주 잘 작동하게 만들어진 실험기구, 그리고 실험 결과를 더 잘 보여주는 용액의 사용, 이런 사소해 보이는 문제의 해결이 때로는 가장 어려워 보이는 질문을 해결하는 데 충분할 때가 있다."

게다가 크로그의 원칙은 1975년 생화학적 경로를 발견해 노벨상을 받은 핸스 크레브스Hans Adolf Krebs가 이 말을 다시 인용하기 전까지 그다지 많이 인용되지 않은 채 숨겨져 있었다. 크로그는 비교 동물생리학을 정초했던 경험을 통해 생물학적 문제에 따라 알맞은 모델생물을 찾는 게 중요하다는 것을 경험칙으로 알고 있었고, 그 경험을 짧게 강조했을 뿐이다. 크로그의 원칙은 일종의 휴리스틱heuristics으로 받아들여야 한다.

예를 들어 두 개의 생물학 진영은 크로그의 원칙에 대해 완전히 상반된 의견을 보일 것이다. 근친교배를 통해 개체간의 변이가 거의 없는 모델생물을 사용하는 유전학자들은 유전체가 통제되지도 않은 야생동물의 유전자에서 제대로 된 연구 결과를 얻기 힘들다고 생각할 수 있다. 이건 유전체학을 연구하는 학자들도 마찬가지다. 유전체 해독에서 나오는 데이터들은 순수한 형태가 아니며 엄청나게 많은 노이즈를 담고 있다. 필요할 때마다 전혀 검증도 되지 않은 생물종을 찾아다니는 건, 재현성이 중요한 연구에 종사하는 분자생물학 전통의 유전학자들에게는 그다지 매력적인 여행은 아니다.[6] 물론 크로그의 원칙을 최대한 존중해서 하나의 생물학적 현상을, 하나의 모델생물이 아니라 다른 종의 모델생물과 교차로 검증하는 일은 필요할 수 있다.

또 하나, 인간 생리학에 대한 이해를 최종 목표로 하는 의학 중심의 생물학 분야에서 크로그의 원칙은 오히려 연구에 부정적인 결과를 초래한다. 인간과 닮은 모델생물에서 이미 얻은 결과들을 인간과 닮지 않은 종의 연구 결과와 비교하는 과정에서, 잘 정립되어 있던 한 종의 연구 결과가 마구 섞여 위태로워질 수 있기 때문이다. 의학과 인간을 중심에 두고 연구하는 생물학 분야에서 크로그의 원칙은 최대한 피해야 할 원칙일 수 있다. 물론 비교생리학이나 동물학처럼 종간 변이 자체가 새로운 아이디어를 제공하는 경우에 크로그의 원칙은 가장 빛을 발할 수 있다.[7] 요약하자면, 크로그의 원칙이 가장 잘 적용되는 분야는 종간 비교를 통해 진화적 접근을 추구하는 '궁극인'에 대한 탐구일 수 있다.

야생 속으로

유전체 해독 비용은 마치 컴퓨터 메모리가 증가했던 것처럼 급격히 감소하고 있다. 이제 정말 몇 백만 원이면 내 유전체 전장을 해독할 수 있는 시대가 되었다. 이렇게 개체와 종의 유전체를 쉽게 해독할 수 있다면, 그 유전체의 정보로 생물학자들은 무엇을 할 수 있을까? 우선 집단 내 개체들 간에 보이는 유전적 변이를 연구하는 진화생물학의 적응 연구가 떠오른다. 유전체 해독이 정확하고, 그 데이터의 양이 풍부해질수록 개체 간 변이에 대한 측정도 정확하고 재현 가능성도 높아질 것이기 때문이다.

- **NIH 지정 모델생물에 대한 간행물 동향**(1960~2010)[8]

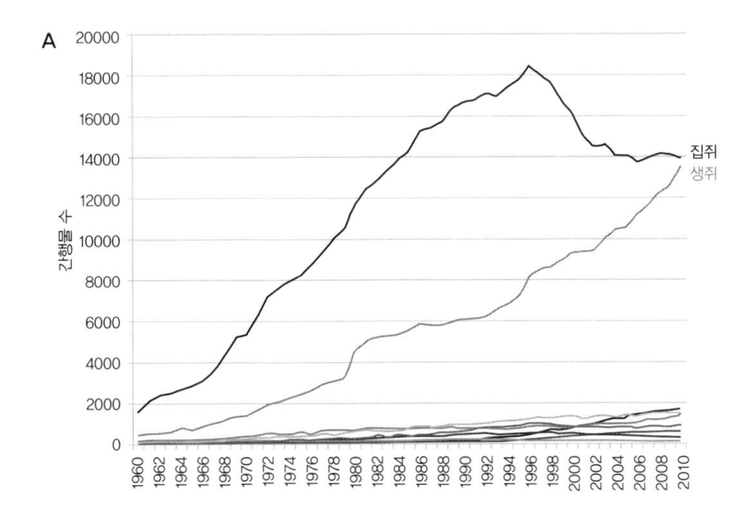

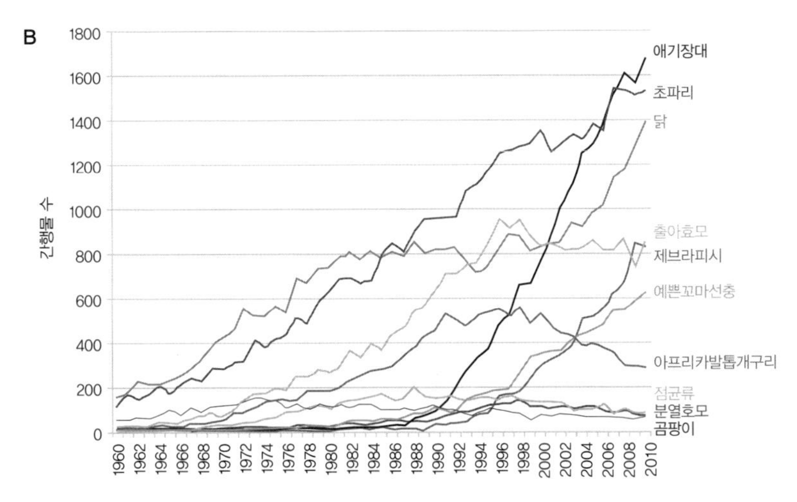

유전체 염기서열을 알면 유전자의 정보를 예측할 수 있다. 이 말은 이제 누군가 한 생물종의 유전체를 해독해주기를 기다릴 필요없이 필요하면 내가 직접 원하는 생물종의 유전체를 해독해서 그 유전체를 분석하고, 원하는 유전자를 제거하거나 바꿔치기할 수 있게 되었다는 뜻이다. 유전자를 제거하고 바꿔치기하는 기술도 크리스퍼와 같은 유전체편집 도구의 급속한 발전으로 너무 쉬워졌다. 이제 정말 돈만 있으면, 집에서 유전자변형된 동물을 만드는 게 가능한 시대가 되었다.

모델생물에 대한 생물학자들의 관점은 변할 것이다.[9] 그리고 이미 변하고 있다.

앞의 그래프는 의생명과학 출판 논문의 대부분이 단 두 종의 포유류에 사용되고 있다는 걸 보여준다. 생쥐는 거의 모든 연구비와 출판 논문을 싹슬이하며, 생물학을 생쥐생물학으로 만들고 있다. 생쥐 연구는 앞으로도 한참 더 지속될 것이다. 이미 수많은 연구비 기관이 수많은 돈을 생쥐에 쏟아부었고, 거대 제약회사나 생명공학회사가 생쥐를 재고할 때까지 생쥐 연구는 성장해나갈 것이다. 하지만 이미 전 세계 대부분의 국가의 연구비는 한계에 봉착했다. 왜냐하면 너무나 많은 연구자들이 학위공장을 통해 배출되었기 때문이다. 의생명과학 연구비는 계속 증가하겠지만, 대학원은 위기에 봉착할 것이다. 어느 순간 박사학위자와 대학의 수가 줄어들고 연구비는 현상을 유지하거나, 계속 오르는 시기가 오면 아마도 많은 생물학자는 더 이상 연구비를 타기 위해 생쥐 연구를 고집하지 않고, 야생 속으로 들어가, 새로운 모험을 시작할 것이다. 생물학자들이 생쥐로 몰려든 것은 그들이 생쥐를 사랑해서가 아니다. 그건 연구비를 타서 연구자로 살아남아야 한다는 절

박함이 만들어낸 비극이었다. 다시 생물학자들에게 지금보다 나은 선택의 순간이 주어진다면, 나는 그들이 이미 준비된 도구들을 들고 마치 다윈이 비글호를 타고 여행했던 것처럼 생명에 숨어 있는 그 수많은 질문들을 찾아, 수없이 많은 생물종의 탐구에 뛰어들 것이라 믿는다. 야생 속으로.

나오며: 모델생물이 바꾸는 생물학의 인식론

모델생물은 생물학자들이 자연을 탐구하는 플랫폼이다. 자연계에 존재하는 모든 종을 연구한다는 것은 불가능하기 때문에 생물학자들은 물리학자들처럼 균일한 입자를 대상으로 연구를 진행할 수 없다. 태생적으로 생물학은 물리학과 다르다. 과학적 연구방법론에 존재하는 핵심적인 유사성을 제외하고 나면, 사실상 물리학과 생물학은 연구대상부터 연구도구까지 모조리 다른 이질적인 학문이다. 모델생물의 존재는 왜 생물학자들의 작업이 그다지도 복잡하며, 생물학의 법칙이 물리학처럼 일관적이고 광범위하게 적용되지 않는가에 대한 답이 된다.[1]

인간을 닮은 모델생물

지금까지—인간과 과학자를 제외하고—다룬 총 26종의 생물들이 모두 생물학에서 동등한 위치를 점유하는 건 아니다. 무의식적으로 생물학자들에겐 인간을 피라미드의 가장 위에, 그리고 인간과 가장 가까운 종부터 가장 멀리 떨어진 종까지를 아래에 두고 가중치를 부여하려는 경향이 있다. 역사적으로 분명 모델생물의 사용은 생물학자들이 연구하고 싶어했던 연구 주제와, 그 연구 주제를 위해 해당 모델생물이 얼마나 편리한가라는 유용성의 기준으로 결정되곤 했다. 대표적인 연구 주제와 그 연구를 위해 선택된 모델생물을 일별하자 다음과 같다.

성게는 배아발생에서 세포분열을 연구하기 위해 선택되었다. 여전히 발생학 교과서엔 성게 배아의 초기 분열과정에 관한 연구가 실려 있다. 플라나리아는 편형동물로 처음엔 유전현상을 연구하기 위해 사용되었다가, 나중엔 재생regeneration 연구를 위해 사용되었다. 광합성 연구를 위해 처음 선택된 생물은 클라미도모나스였고(6장 참고), 세포의 분화와 세포 간의 물질교환을 연구하기 위해 선택된 생물은 점균류에 속하는 곰팡이의 일종인 아메바 딕티오스텔리움 디스코이데움 *Dictyostelium discoideum*이었다. 에릭 캔들 경에게 노벨상을 선사한 군소는 신경생물학 연구를 위해 선택되었고, 비둘기는 그들이 가진 특별한 가슴 부위의 근육조직에서 일어나는 산소 대사 과정 연구를 위해서, 개는 생리학적 연구 중에서도 간의 생합성 과정 연구를 위해서 광범위하게 사랑받았다. 생쥐는 처음엔 면역학과 종양학의 연구 주제에 국한되어 사용되었고, 집쥐는 영양학, 신경학, 그리고 행동심리학의 모델생물로 각광받았다. 식물 중에서는 담배가 한때 RNA의 분자적 특징을 연구하기 위해 담배모자이크바이러스TMV를 통해 분자생물학 초창기에 조명받은 적이 있다.

21세기 교과서에 등장하는 모델생물들의 현황을 살펴보면 모델생물의 역사에는 분명한 유행의 흐름이 있다. 예를 들어 성게는 더 이상 매력적인 생물이 아니다. 발생학자들은 이미 개구리나 물고기 등을 통해서 성게를 대신할 생물을 찾아냈다. 플라나리아를 통해 재생이라는 현상의 미스터리를 풀어보려는 생물학자들이 있지만, 여전히 제한적으로만 존재할 뿐이다. 모델생물을 선택하는 가장 중요한 기준은 이제 '인간'과의 유사성이다. 특히 전통적인 생물학의 영역이 축소되고, 의생명과학 혹은 생명과학의 형태로 생물학의 의학적 적용이 중요해지는 현대의 유행 속에서, 모델생물의 선택은 인간의 건강에 관계된 연구를 얼마나 지원할 수 있는지의 여부에 의해 결정되는 경향이 있다. 과학자들의 호기심은 여전히 존재하지만, 그 호기심은 연구비 없이는 유지될 수 없다. 이를 잘 보여주기라도 하듯이, 미국국립보건원은 의생명과학 연구를 위한 모델생물의 경계를 자의적으로 설정해놓았다.[2] 이들 13종의 모델생물은 다음과 같다. 애기장대*Arabidopsis*, 곰팡이*Neurospora*, 초파리*Drosophila*, 닭*Gallus*, 집쥐*Rattus*, 두 종의 효모*S. pombe & S. cerevisiae*, 선충*C. elegans*, 제브라피시*Danio rerio*, 생쥐*Mus musculus*, 아메바*Dictyostelium discoideum*, 물벼룩*Daphnia*, 개구리*Xenopus*. 이들 중 연구하는 과학자의 수가 점점 줄어들어 이제 곧 사라질 모델생물은 닭, 곰팡이, 개구리, 애기장대, 아메바, 물벼룩이다.

최근 생물학 모델생물의 다양성이 줄고 있고, 대부분의 연구비를 생쥐와 집쥐 연구가 독식하면서 다른 11종의 모델생물 연구는 사실상 위기를 맞고 있다.[3] 모델생물계의 대기업으로 생쥐와 집쥐가 선택된 이유는, 단지 인간을 더 닮았으면서도 다른 모델생물들이 제공해오던 편리성을 지니고 있었기 때문이다. 생쥐와 집쥐는 이제 다른 모델생물로만 가능하던 대부분의 생물학 분야 연구에 사용되고 있다. 부분적으로 이건 연구의 과정을 도약시킨 연구 기법의 발전 때문이기도 하지만 궁극적으로는 생물학이 의생명과학이라는, 완전히 의학에 종속된 분야로 변형되면서 나타나는 필연적인 결과다.

모델생물: 생물학과 물리학

모델생물이라는 명칭에서 집중해야 하는 단어는 '모델'이다. 과학에서 모델이라는 말은 모형 혹은 본보기라는 뜻 그대로 어떤 아이디어나 사물, 과정 혹은 시스템을 표상화해서 직접적으로는 연구하거나 설명할 수 없는 현상을 간접적으로 연구하고 설명할 수 있게 만드는 기법이다. 모델이라는 개념은 물리학이나 화학에서 자주 사용되고, 물리학자나 화학자는 이 단어에 매우 익숙하다. 물리학이나 화학에서는 다양한 입자나 현상을 모델링하고 시뮬레이션하는 일이 빈번하고, 하나의 현상에 대한 궁극적인 이해를 위해 잠정적인 모델을 만들고 작업한다.

바로 물리학이나 화학에서의 모델링 작업에 사용되던 모델이라는 말이 생물학으로 넘어와서는 하나의 종에 붙이는 이름이 되었다. 생물학은 본질적으로 물리학처럼 균질적인 입자나 현상을 다루는 학문이 될 수 없다. 도대체 어떤 생물을 기준으로 다양한 생명현상에 접근해야 하는지 누구도 알 수 없기 때문이다. 따라서 생물학자들은 자신의 연구 주제에 따라 혹은 편리성과 유용성을 따라 한 종류의 생물을 선택하고 그 생물에서 일어나는 현상이 비교적 보편적으로 다른 생물종에도 보존되어 있기를 기대한다. 생물학의 모델생물도 잠정적이라는 측면에서는 물리학이나 화학의 모델과 비슷하지만, 연구하는 대상의 보편성이라는 측면에서는 완전히 다르다. 모든 입자와 물질은 동일하지만, 모든 종은 다르기 때문이다. 생물학은 국소적인 한 종에 대한 연구를 통해 보편성을 획득하고자 하는 불가능한 과학인지 모른다.[4]

특히 모델생물은 자연의 표본이자 인위적인 표본이기도 한데, 이 측면이 모델생물이라는 존재가 생물학이라는 과학의 한 분과를 설명하는 데 있어 매우 중요한 단초가 되는 이유다. 결론부터 말하자면, 모델생물의 선택부터 연구의 진행과 연구 결과의 취합에 이르기까지, 생물학은 처음부터 끝까지 예측 불가능하고 위험한 도박이다. 왜냐하면 분명히 자연계에 존재하는 생물종으로 연구를 진행하면서 그것이 자연계의 표본이라는 확신을 가져야 하지만, 결과적으로는 여러 표준화 과정과 인위적인 개입을 통해 자연에서는 존재하지 않을지도 모르는 특징만을 강화시켜 연구하는 인위성에 노출되어야만 모델생물이 될 수 있기 때문이다. 이미 생쥐와 집쥐의 표준화 과정을 통해 보았듯이, 의생명과학자들이 사용하는 표준화된 생쥐와 집쥐들은 이미 자연계에 존재하는 종과 크게 다르며, 특히 수컷 생쥐를 이용한 연구의 편향이 초래하는 문제 등은 모델생물 연구가 지닌 도박적 성격이 얼마나 큰지 잘 보여주는 사례다.[5] 모델생물 연구의 이런 특징은 천성적인 겸손함 혹은 예측 불가능성이라는 생물학의 특징으로 귀결된다.

생물학의 이런 도박적 성격을 그나마 뒷받침해줄 수 있는 논리는 오로지 진화생물학으로부터 온다. 생물학자들 모두가 진화생물학을 깊이 공부하지 않음에도 불구하고, 진화생물학에 크게 기대고 있는 이유는 선충이나 초파리 연구를 통해 얻어지는 분자적 기제 혹은 생리학적 기제의 일부 혹은 전부가 인간에도 보존되어 있을 것이라는 기대 때문이다. 그 기대는 전적으로 진화생물학이라는 역사적 생물학의 한 분과에서 얻어지는 것이다.

모델생물: 진화생물학과 실험생물학

그럼에도 불구하고 모델생물 연구는 진화생물학이 아니라 실험생물학 혹은 분자생물학이라 불리는 생물학의 전통에서 발전해왔다. 초파리 연구에서 두 전통의 생물학이 만나고 갈등하고 통합되는 과정이 있었지만,[6] 대부분의 다른 모델생물 연구에서 두 전통의 생물학은 만나지 않거나 만날 필요가 없었다. 다양한 이유가 있겠지만, 우선 의생명과학으로 이행된 실험생물학은 이미 밝혀진 진화생물학의 기본원리들이면 충분히 연구비 확보와 연구프로그램 작동에 문제가 없기 때문이고, 진화생물학은 실험생물학의 기법을 빌려오기는 하지만, 굳이 그 연구에 동참해 융합을 이룰 이유가 없기 때문이다. 두 전통은 여전히 동떨어져 있고, 그 차이는 예를 들어 해당 연구가 미국 국립보건원이나 의학연구 재단으로부터 질병 혹은 건강 등의 주제를 통해 지원받을 수 있느냐 없느냐로 손쉽게 갈린다.

모델생물 연구의 기저에 진화생물학에 대한 암묵적인 동의가 있다는 점 외에도, 두 전통의 생물학 분야가 모델생물을 바라보는 관점에는 큰 차이가 존재한다. 모델생물 대부분이 실험생물학 전통의 모델이라는 점을 상기해본다면 더욱 그렇다. 모델생물은 주로 실험생물학 전통의 학자들의 연구 주제이며, 이들은 한 종의 생물로부터 그 종에 대한 지식을 얻는 것을 목표로 하지 않는 일군의 제너럴리스트 성향을 지니고 있다. 이건 당연한 현상인데, 왜냐하면 그 실험생물학자들의 목표는 인간의 생리적 특성을 더 잘 이해하고, 궁극적으로 모델생물 연구를 인간의 건강과 질병에 연결하는 데 있기 때문이다. 그들은 의사이거나 의대 안에서 연구하는 경우가 많으며, 바로 그런 특징으로 인해 모델생물 자체에 대한 이해는 실험생물학자들의 관심사가 아니다. 그 결과 초파리나 선충이 원래 살았던 서식지의 특징이나 이들의 생태적 적소 같은 사실은 이미 잊히거나, 그다지 중요하지 않게 여겨진다. 그들에게 모델생물은 그저 실험테이블 위에 놓여진 꽤 쓸만한 도구일 뿐이다.[7]

반면 진화생물학 전통의 다윈의 후예들에게 자신들이 연구하는 종은 그 자체로 연구의 대상이 된다. 그들 또한 해당 종에 대한 연구로 진화론에 대한 일반적인 이해에 기여하는 것이 목표이지만, 해당 종의 특수성이 보편성이라는 과학적 이해에 방해가 되는 실험생물학자들의 경우와는 달리, 진화생물학자들에게 해당 종의 특수성은 그 자체로 보편성에 기여하는 연구 주제가 되기 때문이다. 이 차이는 미묘하면서도 흥미로운 질문을 제공하는데, 도대체 왜 이 두 생물학의 전통이 서로 반복하고 갈등하면서도 완전히 별거할 수 없느냐는 문제의 답에 대한 단서를 제공하기 때문이다.

간단히 말하면 이렇다. 실험생물학자들에게 모델생물의 특수성은 방해물이다. 왜냐하면 그 특수성이 다른 종에 보존되어 있지 않을 가능성이 크기 때문이고, 그 말은 곧 그 특수성이 인간에 보존되지 않았을 가능성이 높아진다는 말이기 때문이다. 그 특수성은 연구 주제의 설정에 방해가 된다. 실험생물학자들에게 모델생물은 인간에 가까울수록 좋다.

진화생물학자들에게 모델생물의 특수성은 기회다. 왜냐하면 그 특수성이 자신이 수행하는 연구의 가치를 올려주기 때문이다. 진화 과정에서 한 종이 독특하게 진화시킨 특성의 연구야말로, 진화생물학의 주제이며, 이러한 사례들의 기저에 있는 보편성에 대한 추구가 진화생물학의 지침서다. 따라서 진화생물학자들은 한 종의 특수성을 찾아 헤매는 사냥꾼이 될 수밖에 없다. 하지만 실험생물학자들은 아니다. 그들은 인간과 해당 생물 모두에 보존되어 있는 특징을 보다 더 간편하게 연구할 수 있는 종을 찾아다닐 뿐이다.

결론을 대신해서

모델생물은 생물학의 특징을 보여주는 대상이자, 생물학 내에서도 서로 다른 두 전통의 특징을 보여주는 대상이다. 모델생물의 역사는 생물학이 호기심을 추구하던 과학에서 점점 더 의학의 하위 분야로 이행하는 과정을 투사하기도 하며, 과학이 앞으로 나아갈 방향에 대한 어둡고도 진지한 질문을 던진다. 현재 생물학 연구비의 흐름 속에서, 생쥐와 몇몇 영장류, 즉 인간을 닮은 몇몇 종과 극도로 효율적이어서 버릴 필요가 없는 효모와 같은 종을 제외한 대부분의 종이 모델생물의 목록에서 사라지게 될 것이다. 그렇다면 우리는 모델생물의 다양성을 지키기 위해 노력해야 할까? 정답은 '알 수 없다'이다. 어쩌면 국민세금으로 운영되는 현재와 같은 연구비 시스템에서, 국민은 자신의 수준에 맞는 연구를 지원하는 정치인을 갖게 될 것이고, 미국을 중심으로 진행되는 현재의 연구들은 대부분 생쥐와 인간세포를 가지고 진행되는 의생명과학의 목표에 전념하고 있다. 어쩌면 그 속에서 정말 생물학의 기적과 같은 발견—예를 들어 물리학에서 양자역학의 태동과 같은—이 이루어질 수도 있고, 생쥐와 인간세포 속에서 생물학은 동력을 잃고 현재의 물리학이나 화학처럼 기초연구보다는 응용연구에 치중하는 모습으로 남게 될지 모른다.

모든 모델생물에겐 주어진 태생적 한계가 있고, 모델생물의 수명은 제한적이다. 그것이 모델생물의 역사가 말해주는 교훈이자, 진화생물학이 우리에게 전해주는 진실이기도 하다. 모든 종은 멸종한다. 모델생물도 그렇다. 하지만 다양성의 증가가 진화의 핵심이라고 말하던 스티븐 제이 굴드의 통찰이 모델생물 연구에도 한 줄기 희망을 던져줄 수 있기를 바란다. 이제 크리스퍼와 함께 시작되는 유전체편집의 시대에, 모델생물의 한계도 곧 사라질 것이다. 아이러니하게도 모델생물의 다양성에 대한 우려는 새롭게 시작되는 유전체편집 도구로 인해 불식될지도 모르겠다. 이미 개미, 꿀벌, 다양한 열대어에 대한 유전체편집이 이루어지고 있다. 모델생물은 새로운 시대를 맞이했고, 앞으로 우리는 원하든 원하지 않든, 생물학이 의생명과학의 시대를 지나 새로운 다윈을 찾아 떠나는 여행을 지켜보게 될지도 모르겠다.[8]

주

들어가며

1. 송진웅. (2001). 1930-50년대 영국의 과학시민의식운동과 L. Hogben의 Science for the Citizen. 한국과학교육학회지, 21(2), 385-399.

1장 몇몇 생물에 관하여

1. Aristotle, D M Balme, and A Gotthelf, Aristotle's De Partibus Animalium I and, De Generatione Animalium I: (with Passages from II. 1-3) (Clarendon Press, 1992).

2장 모델생물의, 모델생물에 의한, 모델생물을 위한

1. Burian, R. M.(1992). "How the Choice of Experimental Organism Matters: Biological Practices and Discipline Boundaries", *Synthese*, 92, 151–166.

2. Orel, V. (2005). "Contested Memory: Debates over the Nature of Mendel's Paradigm", *Hereditas*, 142, 98–102.

3장 박테리오파지–생명의 기본입자

1. 이 글은 다음의 에세이에서 많은 영향을 받았다. Stent, G. S. (1968). "That was the molecular biology that was. Science", 160(3826), 390-395.

2. 델브뤼크에 대한 더 자세한 소개는 필자의 다음 글을 참고할 것. 김우재.(2010). 통섭의 경계. 물리학과 첨단기술 6: 45–47.

3. 다음 책을 참고할 것. Weiner J. S. Benzer. (2007). 《초파리의 기억》. 조경희 옮김. 이끌리오.

5장 아프리카발톱개구리–오래된 과학의 순교자

1. 과학자 하비와 철학자 데카르트 사이의 흥미로운 논쟁에 대해서는 다음 논문을 참고할 것.

이상하. (2006). 19세기 과학적 발견의 학제간 연구 정신-혈액 순환설을 둘러싼 하비 대 데카르트의 논쟁으로 본 그 역사적 기원. 과학철학, 9(1), 1-37.

2. 김성화. (2018). 노발리스의 갈바니 전기 연구와 자연철학. 카프카연구, 39, 47-66.

7장 효모-먹을 수 있는 모델생물

1. 효모 유전학의 초창기에 관해서는 다음 논문을 참고할 것. Mortimer R. K. (1993). "The Early Days of Yeast Genetics". pp. 17-38 in.

2. Fields, S., & Song, O. K. (1989). "A novel genetic system to detect protein-protein interactions". *Nature*, 340(6230), 245.

8장 붉은빵곰팡이-생화학 유전학의 탄생

1. 1유전자 1효소설이 등장한 논문이다. Beadle, G. W., & Tatum, E. L. (1941). "Genetic control of biochemical reactions in Neurospora". *Proceedings of the National Academy of Sciences of the United States of America*, 27(11), 499-506.

2. 이 당시 유전자의 작동 방식을 둘러싸고 등장한 가설을 모두 정리하는 건 불가능하다. 모랑쥬의 다음 논문은 유전자의 작동 방식을 호르몬의 작동 방식으로 일반화하려 했던 시도와 그 실패과정을 보여준다.

Morange, M. (2015). What history tells us XXXVIII. Resurrection of a transient forgotten model of gene action. *Journal of biosciences*, 40(3), 473-476.

3. Horowitz, N. H. (1950). "Biochemical genetics of Neurospora". *Advances in genetics* (Vol. 3, pp. 33-71). Academic Press.

Beadle, G. W. (1959). "Genes and chemical reactions in Neurospora". *Science*, 129(3365), 1715-1719.

Horowitz, N. H. (1991). "Fifty years ago: the Neurospora revolution". *Genetics*, 127(4), 631.

4. M. Morange. (2002). 《분자생물학: 실험과 사유의 역사》. 강광일, 이정희, 이병훈 옮김. 몸과마음.

5. 박희문. (1997). 진균학: 두 얼굴을 가진 곰팡이의 세계. 과학사상, (22), 258-277.

윤철식. (2005). 신이 내린 선물 곰팡이: 신약 만들고 해충 죽이는 재주꾼. 과학동아, 20(3), 69-74.

6. 다음 링크를 참고할 것. http://www.fgsc.net/fgn38/bread.html

7. Perkins, D. D. (1992). "Neurospora: the organism behind the molecular revolution". *Genetics*, 130(4), 687.

8. 매클린톡은 곰팡이를 연구했던 과학자이기도 하다. McClintock, B. (1945). "Neurospora. I. Preliminary observations of the chromosomes of Neurospora crassa". *American Journal of Botany*, 32(10), 671-678.

9. Gunter, C. (2003). "Genomics: Neurospora: ripped from the headlines". *Nature Reviews Genetics*, 4(5), 327.

10. http://conferences.genetics-gsa.org/Fungal/2019/index

11. http://www.fgsc.net/

12. Selker, E. U. (2011). Neurospora. *Current Biology*, 21(4), R139-R140.

13. 이를 도덕경제로 표현한 퀼러의 연구에 대해서는 필자의 책《플라이룸》의 해당 챕터를 참고할 것.

14. https://www.the-scientist.com/daily-news/husband-and-wife-geneticists-die-46809

https://en.wikipedia.org/wiki/David_Perkins_(geneticist)

15. http://www.hani.co.kr/arti/opinion/column/842730.html

16. 유전학을 중심으로 펼쳐지는 진화생물학과 분자생물학의 갈등과 공생의 역사는 필자의 책《플라이룸》을 참고할 것.

17. Perkins, D. D., & Turner, B. C. (1988). "Neurospora from natural populations: toward the population biology of a haploid eukaryote". *Experimental Mycology*, 12(2), 91-131.

18. 李永祿, Neurospora의 生育時期에 따른 呼吸態의 變化와 紫外線 感受性과의 相關關係 - Changes in Respiratory Activity and the Sensitivity to Ultraviolet Light of Neurospora Cells at Different Growing Stages. J. Plant Biol. 6, 1-4 (1963).

19. http://www.msk.or.kr/msk/branch/region_hp0729_1.asp

20. Singer, M., & Berg, P. (2004). "George Beadle: from genes to proteins". *Nature reviews genetics*, 5(12), 949.

Horowitz, N. H. (1990). George Wells Beadle (1903-1989). *Genetics*, 124(1), 1.

Yarden, O. (2016). "Model fungi: Engines of scientific insight". *Fungal Biology Reviews*, 30(2), 33-35.

Tatum, E. L. (1959). "A case history in biological research". *Science*, 129(3365), 1711-1715.

Davis, R. H., & Perkins, D. D. (2002). "Neurospora: a model of model microbes". *Nature Reviews Genetics*, 3(5), 397.

Perkins, D. D., & Davis, R. H. (2000). "Neurospora at the millennium". *Fungal Genetics and Biology*, 31(3), 153-167.

9장 애기장대-잡초에서 식물학의 꽃으로

1. 애기장대의 역사에 대해서는 다음 논문들을 참고. Somerville C., and M. Koornneef. (2002). "A fortunate choice: The history of Arabidopsis as a model plant." *Nat Rev Genet* 3: 883-889., Metcalf C. J. E., and T. Mitchell-Olds. (2009). "Life history in a model system: opening the black box with Arabidopsis thaliana". *Ecol Lett* 12: 593-600. https://doi.org/10.1111/j.1461-0248.2009.01320.x, Meyerowitz E. M. (2001). "Prehistory and history of Arabidopsis research". *Plant Physiol*. 125: 15-19. https://doi.org/10.1104/pp.125.1.15

2. Leonelli S. (2007) "Arabidopsis, the botanical Drosophila: from mouse cress to model organism". *Endeavour* 31: 34-8. https://doi.org/10.1016/j.endeavour.2007.01.003

10장 옥수수-신화가 된 과학

1. 이 글의 대부분은 다음 논문에 빚지고 있다. 정성욱. (2010). 연구논문 : 잊혀진 전통과 신화화된 "고립": 미국의 옥수수 유전학 전통과 바버라 매클린톡의 연구 활동 - Revisiting Barbara McClintock: The Forgotten Tradition of American Maize Genetics. 한국과학사학회지, 32(1), 93-126.

2. 위 정성욱의 논문을 참고할 것. 참고로 곰팡이 뉴로스포라로 훗날 노벨상을 타게 되는 조지 비들은 처음 옥수수 유전학자로 경력을 시작했다.

3. McClintock, B. (1929). "Chromosome morphology in Zea mays". *Science*, 69(1798), 629-629.

Creighton, H. B., & McClintock, B. (1931). "A correlation of cytological and genetical crossing-over in Zea mays". *Proceedings of the National Academy of Sciences of the United States of America*, 17(8), 492.

4. McClintock, B. (1929). "A method for making aceto-carmin smears permanent". *Stain Technology*, 4(2), 53-56.

5. https://www.sciencetimes.co.kr/?news=30년-만에-인정받은-옥수수-과학자

황중환. (2004). [Comics/세상을 바꾼 과학 천재들] 옥수수와 평생을 함께한 유전학자 바버라 매클린톡. 과학동아, 19(8), 153-158.

현원복. (1988). [세계의 과학자] 바바라 맥클린토크-옥수수와 평생 연애. 과학동아, 3(5), 126-126.

정연보. (2002). 여성 유전학자의 삶을 통해 보는 과학의 성별성, 이블린 폭스 켈러. (2001). 《생명의 느낌》. 김재희 옮김. 양문. 여성과 사회, (14), 257-262.

6. 아래는 매클린톡에 대한 공부를 위한 최소한의 참고자료들이다.

Keller, E. F. (1984). A feeling for the organism, 10th aniversary edition: the life and work of Barbara McClintock. Macmillan. 《생명의 느낌》(김재희 옮김. 양문)으로 번역.

Nathaniel, C., & Comfort, N. C. (2001). "The tangled field: Barbara McClintock's search for the patterns of genetic control". Harvard University Press. 《옥수수 밭의 처녀 매클린톡》(한국유전학회 옮김. 전파과학사)로 번역.

Beatty, J., Rasmussen, N., & Roll-Hansen, N. (2002). "Untangling the McClintock myths". *Metascience*, 11(3), 280-298.

정성욱. (2010). 연구논문 : 잊혀진 전통과 신화화된 "고립": 미국의 옥수수 유전학 전통과 바버라 매클린톡의 연구 활동 - Revisiting Barbara McClintock: The Forgotten Tradition of American Maize Genetics. 한국과학사학회지, 32(1), 93-126.

Rhoades, M. M. (1984). "The early years of maize genetics". *Annual review of genetics*, 18(1), 1-30.

Crow, J. F. (1998). "90 years ago: the beginning of hybrid maize". *Genetics*, 148(3), 923-928.

Comfort, N. (2001). "The Tangled Field". Harvard University Press, Cambridge, MA.

Comfort, N. (2008). "Rebellion and iconoclasm in the life and science of Barbara McClintock". *Rebels, mavericks, and heretics in biology*, 137-153.

Comfort, N. C. (1999). "The Real Point is Control": The Reception of Barbara McClintock's Controlling Elements. *Journal of the History of Biology*, 32(1),

11장 군소-민달팽이와 프로이트의 꿈

1. 에릭 R. 캔들. (2014).《기억을 찾아서》. 전대호 옮김. 알에이치코리아.

12장 개-실험생리학의 주인공

1. 다니엘 토드스. (2006).《생리학의 아버지 파블로프》(옥스퍼드 위대한 과학자 시리즈5). 최돈찬 옮김. 바다출판사.

13장 닭-발생학의 화려한 부흥

1. William Harvey. (1651). Disputations Touching the Generation of Animals, trans. Gweneth Whitteridge (1981). Chapter 47, 214

14장 영장류-정의란 무엇인가

1. "Letter, Carl Linnaeus to Johann Georg Gmelin. Uppsala, Sweden, 25 February 1747". Swedish Linnaean Society.

2. Poo, M. M., Du, J. L., Ip, N. Y., Xiong, Z. Q., Xu, B., & Tan, T. (2016). "China brain project: basic neuroscience, brain diseases, and brain-inspired computing". *Neuron*, 92(3), 591-596.

3. http://www.nibp.kr/xe/news2/119486

4. http://www.pressian.com/news/article?no=242441#09T0

5. http://www.snunews.com/news/articleView.html?idxno=16350

6. https://www.hankyung.com/politics/article/2019052231936

7. http://cancer.snuh.org/board/B003/view.do?bbs_no=2885&searchKey=&searchWord=&pageIndex=1

8. 마모셋 유전학에 대한 논문들은 다음을 참고할 것.

Miller, C. T., Freiwald, W. A., Leopold, D. A., Mitchell, J. F., Silva, A. C., & Wang, X. (2016). "Marmosets: a neuroscientific model of human social behavior". *Neuron*, 90(2), 219-233.

McGraw, L. A., & Young, L. J. (2010). "The prairie vole: an emerging model organism for understanding the social brain". *Trends in neurosciences*, 33(2), 103-109.

Kishi, N., Sato, K., Sasaki, E., & Okano, H. (2014). "Common marmoset as a new model animal for neuroscience research and genome editing technology". *Development, growth & differentiation*, 56(1), 53-62.

9. Zeki, S. (2007). "The neurobiology of love". *FEBS letters*, 581(14), 2575-2579.

15장 플라나리아-과학의 재현성 문제

1. Morange, Michel. (2006). "What History Tells Us VI. The Transfer of Behaviours by Macromolecules:". *Journal of biosciences*, 31, 323-7.

2. Travis, G.D.L. (1981). "Replicating Replication? Aspects of the Social Construction of Learning in Planarian Worm", *Social Studies of Science*, 11, 11－32.

3. Collins, Harry M., and Trevor Pinch. (1998). *The Golem: What You Should Know About Science (Canto)* (Cambridge University Press), p. 212.

4. Morange, Michel. (2006). "'What History Tells Us VI. The Transfer of Behaviours by Macromolecules". *Journal of biosciences*, 31 (2006), 323－7.

16장 제브라피시–장기적 안목의 중요성

1. Griffin, K. J., S. L. Amacher, et al. (1998). "Molecular identification of spadetail: regulation of zebrafish trunk and tail mesoderm formation by T-box genes." Development 125(17): 3379-3388.

2. 김철희, 제브라피시Zebrafish; Danio rerio, 분자세포생물학뉴스, 19권 제 1호, 2007년 3월.

3. Grunwald, D. J. and J. S. Eisen (2002). "Headwaters of the zebrafish -- emergence of a new model vertebrate." Nature reviews. *Genetics* 3(9): 717-724.

4. Stahl, F. W. (1995). "George Streisinger - December 27, 1927-September 5, 1984." Biographical memoirs. *National Academy of Sciences* 68: 353-361.

5. Streisinger, G., C. Walker, et al. (1981). "Production of clones of homozygous diploid zebra fish (Brachydanio rerio)." *Nature* 291(5813): 293-296.

17장 집쥐–흑사병에서 독재까지

1. Richter, C. P. (1968). "Experiences of a Reluctant Rat-Catcher - Common Norway Rat-Friend or Enemy." *Proceedings of the American Philosophical Society* 112(6): 403-415.

2. 김근배. (2010). 생태적 약자에 드리운 인간권력의 자취- 박정희시대의 쥐잡기운동. 사회와역사(구한국사회사학회논문집) 통권 제87집, 121-161.

3. Clause, B. T. (1993). "The Wistar Rat as a Right Choice - Establishing Mammalian Standards and the Ideal of a Standardized Mammal." *Journal of the History of Biology* 26(2): 329-349.

4. Ogilvie, M. B. (2007). "Inbreeding, eugenics, and Helen Dean King (1869-1955)." *Journal of the History of Biology* 40(3): 467-507.

5. 김근배. (2010). 생태적 약자에 드리운 인간권력의 자취-박정희 시대의 쥐잡기운동. 사회와역사(구한국사회사학회논문집), 87, 121-161.

18장 생쥐(1)–우생학과 유전학

1. Castle, W. E. (1926). "Biological and Social Consequences of Race-Crossing." *American Journal of Physical Anthropology* 9(2): 145-156.

2. 김호연. (2005). "학회발표 및 연구논문 : 우생학에 대한 다층적 접근: 유전, 환경 그리고 이념", 環境法

研究, 27 /2, 139-158, 한국환경법학회.

3. Rader, K. A. (1998). "The Mouse People: Murine genetics work at the Bussey Institution, 1909-1936." *Journal of the history of biology* 31(3): 327-354.

4. 김호연. (2005). "학회발표 및 연구논문 : 우생학에 대한 다층적 접근: 유전, 환경 그리고 이념", 環境法研究, 27 /2, 139-158, 한국환경법학회.

5. 정세권. (2007). 미국의 우생학, 그리고 대븐포트. 브릭 바이오웨이브, Vol. 9 No. 13.

19장 생쥐(2)-연구와 정치

1. 프랑수아 자코브, 이정희. (1997).《파리, 생쥐, 그리고 인간》, 궁리.

2. Seok, J., H. S. Warren, et al. (2013). "Genomic responses in mouse models poorly mimic human inflammatory diseases." *Proceedings of the National Academy of Sciences of the United States of America*. 110. 3507-3512.

3. Rader, K. A. (2004). Making mice : standardizing animals for American biomedical research, 1900-1955. Princeton, Princeton University Press.

4. Snell, G. D. (1975). "Clarence Cook Little." Biographical memoirs. *National Academy of Sciences* 46: 241-263.

5. Crow, J. F. (2002). "C. C. Little, cancer and inbred mice." *Genetics* 161(4): 1357-1361.

20장 토끼-과학자와 육종가의 교류

1. Ritvo, H. (1987). The animal estate : the English and other creatures in the Victorian Age. Cambridge, Mass., Harvard University Press.

2. Schwartz, M. (2001). "The life and works of Louis Pasteur." *Journal of Applied Microbiology* 91(4): 597-601.

3. Marie, J. (2008). "For Science, Love and Money: The Social Worlds of Poultry and Rabbit Breeding in Britain, 1900-1940." *Social Studies of Science* 38(6): 919-936.

21장 비둘기-실험은 실패하지 않는다

1. Nicholls, H. (2009). "Darwin 200: A flight of fancy." *Nature* 457(7231): 790-791.

2. Theunissen, B. (2012). "Darwin and his pigeons. The analogy between artificial and natural selection revisited." *Journal of the history of biology* 45(2): 179-212.

3. Secord, J. A. (1981). "Nature's Fancy: Charles Darwin and the Breeding of Pigeons." Isis 72(2): 163-186.

4. Wilner, E. (2006). "Darwin's artificial selection as an experiment." *Studies in History and Philosophy of Science Part C: Studies in History and Philosophy of Biological and Biomedical Sciences* 37(1): 26-40.

22장 고양이-심리학과 생물학 사이

1. 이춘길.(2002). 시각신경생리학이란 무엇인가?. 안구운동연구실 소개.

2. 로저 스페리. (1991).《과학과 가치관의 우선순위》 이남표 옮김. 민음사.

3. 로저 스페리. (2002).《과학과 일치하는 우리 삶의 신념을 찾아서》. 홍욱희 번역. 과학사상.

23장 양-복제의 그늘

1. Campbell, K. H. (2007). "Ten years of cloning: questions answered and personal reflections." *Cloning and stem cells* 9(1): 8-11.

2. Wilmut, I., A. E. Schnieke, et al. (1997). "Viable offspring derived from fetal and adult mammalian cells." *Nature* 385, 810-813

24장 돼지-숭배와 혐오

1. 김인희. (2004). 한·중의 돼지숭배와 돼지혐오. 중앙대학교 한국문화유산연구소. 중앙민속학 10, 205-237.

2. 김인희. (2004). 한·중의 돼지숭배와 돼지혐오. 중앙대학교 한국문화유산연구소. 중앙민속학 10, 205-237.

3. Giuffra, E., J. M. Kijas, et al. (2000). "The origin of the domestic pig: independent domestication and subsequent introgression." *Genetics* 154(4): 1785-1791.

25장 벼-과학을 사용하는 방법

1. 김태호. (2009). "통일벼"와 증산체제의 성쇠: 1970년대 "녹색혁명"에 대한 과학기술사적 접근." 역사와 현실 74 : 113-145.

2. Not just a grain of rice: the quest for quality. Fitzgerald MA, McCouch SR, Hall RD. *Trends Plant Sci*. 2009 Mar;14(3):133-9.

26장 개미와 꿀벌-진사회성 곤충의 유전학

1. Nowak, M. a., Tarnita, C. E., & Wilson, E. O. (2010). The evolution of eusociality. *Nature*, 466(7310), 1057 - 1062. http://doi.org/10.1038/nature09205

2. 해밀턴에 관한 설명은 전중환 교수의 글들을 참고할 것. https://sciencebooks.tistory.com/980

3. 그 역사에 대해서는 최근 출판된 나의 책《플라이룸》 제 3장을 참고할 것.

4. 그 갈등의 역사에 대해선 다음의 논문을 참고할 것. Dietrich, M. R. (1998). "Paradox and persuasion: negotiating the place of molecular evolution within evolutionary biology". *Journal of the History of Biology*, 31(1), 85-111.

5. 위키피디아 참고. https://ko.wikipedia.org/wiki/%ED%8B%B4%EB%B2%84%EA%B2%90%EC%9D%98_%EB%84%A4_%EA%B0%80%EC%A7%80_%EC%A7%88%EB%AC%B8

6. Kapheim, K. M. (2018). "Synthesis of Tinbergen's four questions and the future of sociogenomics". *Behavioral Ecology and Sociobiology*, 72(12), 186.

7. Robinson, G. E., Grozinger, C. M., & Whitfield, C. W. (2005). "Sociogenomics: social life in molecular terms". Nature Reviews. *Genetics*, 6(4), 257–70. http://doi.org/10.1038/nrg1575

8. Yan, H., Simola, D. F., Bonasio, R., Liebig, J., Berger, S. L., & Reinberg, D. (2014). Eusocial insects as emerging models for behavioural epigenetics. Nature Reviews. *Genetics*, 15(10), 677–688. http://doi.org/10.1038/nrg3787

9. 초파리 행동유전학의 눈부신 발전에 대해서는 필자의 책《플라이룸》제1장과 HHMI Janelia Research Campus의 연구들을 참고할 것. 다음 논문이 이해에 도움이 될 것이다. Owald, D., Lin, S., & Waddell, S. (2015). Light, heat, action: neural control of fruit fly behaviour. *Philosophical Transactions of the Royal Society B: Biological Sciences,* 370(1677), 20140211.

10. Yang, C. H., Belawat, P., Hafen, E., Jan, L. Y., & Jan, Y. N. (2008). "Drosophila egg-laying site selection as a system to study simple decision-making processes". *Science*, 319(5870), 1679-1683.

11. Danchin, E., Nöbel, S., Pocheville, A., Dagaeff, A. C., Demay, L., Alphand, M., ... & Allain, M. (2018). Cultural flies: Conformist social learning in fruitflies predicts long-lasting mate-choice traditions. *Science*, 362(6418), 1025-1030.

12. Kamakura, M. (2011). Royalactin induces queen differentiation in honeybees. *Nature*, 473(7348), 478.

13. Buttstedt, A., Ihling, C. H., Pietzsch, M., & Moritz, R. F. (2016). "Royalactin is not a royal making of a queen". *Nature*, 537(7621), E10. Our results clearly support the long known and often tested hypotheses that queen determination is primarily driven by the amount of food ingested, thereby providing a higher amount of well-balanced nutrients for the developing queen larvae and not by a single determining compound.

Maleszka, R. (2018). Beyond Royalactin and a master inducer explanation of phenotypic plasticity in honey bees. *Communications biology*, 1(1), 8.

14. 권순일. (2015). 새로운 유전체 편집용 유전자 가위, 크리스퍼 (CRISPR/Cas9 system). 한국고등직업교육학회논문집, 16(1·2), 61-71.

15. https://igtrcn.org/welcome-post/

16. Friedman, D. A., Gordon, D. M., & Luo, L. (2017). The MutAnts Are Here. *Cell*, 170(4), 601-602.

Clyde, D. (2017). Model organisms: New tools, new insights—probing social behaviour in ants. *Nature Reviews. Genetics*, 18(10), 577.

17. 다음 논문들이 개미와 꿀벌을 모델로 유전학적 연구가 시작되고 있다는 좋은 근거가 될 것이다.

Friedman, D. A., & Gordon, D. M. (2016). "Ant genetics: reproductive physiology, worker morphology, and behavior". *Annual review of neuroscience*, 39, 41-56.

Kapheim, K. M., Pan, H., Li, C., Salzberg, S. L., Puiu, D., Magoc, T., … Zhang, G. (2015). "Genomic signatures of evolutionary transitions from solitary to group living". *Science*, 348(6239), 1139-43. http://doi.org/10.1126/science.aaa4788

Page, R. E., & Amdam, G. V. (2007). The making of a social insect: developmental architectures of social design. BioEssays : News and Reviews in Molecular, *Cellular and Developmental Biology*, 29(4), 334-43. http://doi.org/10.1002/bies.20549

Yusaku Ohkubo, Eisuke Hasegawa et al., The benefits of grouping as a main driver of social evolution in a halictine bee. *Science Advances*, October 3, 2018. DOI: 10.1126/sciadv.1700741

27장 모기-새로운 초파리

1. Vosshall, L. B. (2000). "Olfaction in drosophila". *Current opinion in neurobiology*, 10(4), 498-503.

Vosshall, L. B., & Stocker, R. F. (2007). "Molecular architecture of smell and taste in Drosophila". *Annu. Rev. Neurosci.*, 30, 505-533.

2. DeGennaro, M., McBride, C. S., Seeholzer, L., Nakagawa, T., Dennis, E. J., Goldman, C., ... & Vosshall, L. B. (2013). "orco mutant mosquitoes lose strong preference for humans and are not repelled by volatile DEET". *Nature*, 498(7455), 487.

3. Duvall, L. B., Ramos-Espiritu, L., Barsoum, K. E., Glickman, J. F., & Vosshall, L. B. (2019). Small-molecule agonists of Ae. aegypti neuropeptide Y receptor block mosquito biting. *Cell*, 176(4), 687-701.

McMeniman, C. J., Corfas, R. A., Matthews, B. J., Ritchie, S. A., & Vosshall, L. B. (2014). Multimodal integration of carbon dioxide and other sensory cues drives mosquito attraction to humans. *Cell*, 156(5), 1060-1071.

McBride, C. S., Baier, F., Omondi, A. B., Spitzer, S. A., Lutomiah, J., Sang, R., ... & Vosshall, L. B. (2014). Evolution of mosquito preference for humans linked to an odorant receptor. *Nature*, 515(7526), 222.

Kistler, K. E., Vosshall, L. B., & Matthews, B. J. (2015). Genome engineering with CRISPR-Cas9 in the mosquito Aedes aegypti. *Cell reports*, 11(1), 51-60.

4. Vosshall, L. B. (2012). Leslie B. Vosshall. *Current Biology*, 22(18), R782-R783.

모기 유전학의 과거와 현재 그리고 미래에 관해서는 다음의 논문들을 참고할 것.

Powell, J. R., & Tabachnick, W. J. (2013). History of domestication and spread of Aedes aegypti-A Review. *Memorias do Instituto Oswaldo Cruz*, 108, 11-17.

http://theconversation.com/opening-up-research-labs-with-modified-mosquitoesto-the-community-105550 Opening up research labs with modified mosquitoes to the community

Häcker, I., & Schetelig, M. F. (2018). "Molecular tools to create new strains for mosquito sexing and vector control". *Parasites & vectors*, 11(2), 645.

5. https://www.sciencetimes.co.kr/?news=%EB%A7%90%EB%9D%BC%EB%A6%AC%EC%95%84-%EC%B9%98%EB%A3%8C%EC%A0%9C-60%EB%85%84-%EB%A7%8C%EC%97%90-%E7%BE%8E-fda%EC%84%9C-%EC%B2%AB-%EC%8A%B9%EC%9D%B8

6. Sinkins, S. P., & Gould, F. (2006). "Gene drive systems for insect disease vectors". *Nature Reviews Genetics*, 7(6), 427.

James, A. A. (2005). "Gene drive systems in mosquitoes: rules of the road". *Trends in parasitology*, 21(2).

7. Hammond, A., Galizi, R., Kyrou, K., Simoni, A., Siniscalchi, C., Katsanos, D., ... & Burt, A. (2016). "A CRISPR-Cas9 gene drive system targeting female reproduction in the malaria mosquito vector Anopheles gambiae". *Nature biotechnology*, 34(1), 78.

8. https://singularityhub.com/2019/01/02/gene-drives-didnt-get-banned-last-year-so-whats-next-for-them/

9. Vosshall, L. B. (2015). "No Failure, No Science". *Cell*, 163(7), 1563-1564.

28장 암세포주-인간이라는 이유로

1. 사실 인보사 사태는 바이오산업에 대한 투자가 열풍을 넘어 광풍으로 향해가는 한국 바이오산업계에 경종을 울리는 사건이다. 한국에도 엘리자베스 홈즈의 테라노스 같은 사기꾼이 등장하지 말라는 법은 없기 때문이다. http://www.biospectator.com/view/news_view.php?varAtcId=7385

2. Alex van der Eb. "USA FDA CTR For Biologics Evaluation and Research Vaccines and Related Biological Products Advisory Committee Meeting"(PDF). Lines 14–22: USFDA.

3. Graham FL, Smiley J, Russell WC, Nairn R (July 1977). "Characteristics of a human cell line transformed by DNA from human adenovirus type 5". *J. Gen. Virol.* 36 (1): 59–74. CiteSeerX 10.1.1.486.3027.

4. 세포학의 역사에 관해서는 좋은 책이 번역되어 있다. H. Harris. (2000). 《세포의 발견》. 전파과학사.

5. https://www.intechopen.com/books/new-insights-into-cell-culture-technology/history-of-cell-culture

Jeanmonod, D. J., Rebecca, & Suzuki, K. et al. (2018). We are IntechOpen , the world ' s leading publisher of Open Access books Built by scientists , for scientists TOP 1 % Control of a Proportional Hydraulic System. *Intech Open*, 2, 64. http://doi.org/10.5772/32009

해리슨에 대해서는 다음 문서도 참고할 것. 그는 노벨상을 받지는 못했지만, 받았어도 무방할 훌륭한 과학자였다. http://archive.yalealumnimagazine.com/issues/02_02/old_yale.html

6. https://www.researchgate.net/figure/the-hanging-drop-a-Schematic-diagram-of-the-hanging-drop-technique-b-Photograph

7. Yao, T., & Asayama, Y. (2017). "Animal-cell culture media: History, characteristics, and current issues." *Reproductive Medicine and Biology*, 16(2), 99-117. http://doi.org/10.1002/rmb2.12024

8. 이에 관해서는 미셸 모랑쥬의 책《분자생물학: 실험과 사유의 역사》를 참고할 것.

9. 헬라 세포에 대한 이야기는 번역된《헨리에타 랙스의 불멸의 삶》을 참고할 것. http://news.khan.co.kr/kh_news/khan_art_view.html?art_id=201204062109115

10. Lorsch, J. R., Collins, F. S., & Lippincott-Schwartz, J. (2014). Fixing problems with cell lines. *Science*, 346(6216), 1452-1453. 이 글은 번역되어 있다. https://metas.tistory.com/164

11. 뇌암세포주 U87은 아예 원본을 찾을 수도 없다고 한다. http://www.ibric.org/myboard/read.php?Board=news&id=275683&ksr=1&FindText=%BC%BC%C6%F7%C1%D6%20%C1%F8%BD%C7%BC%BA%20%C0%E7%C7%F6%BC%BA 이 세포주는 50년 동안 2000편의 논문에 사용됐다. http://news.donga.com/List/ItMedi/3/080134/20160930/80556868/1

헬라 세포도 엄청난 변종이 존재하는 것으로 알려졌다. Adey, A., Burton, J. N., Kitzman, J. O., Hiatt, J. B., Lewis, A. P., Martin, B. K., ... & Shendure, J. (2013). The haplotype-resolved genome and epigenome of the aneuploid HeLa cancer cell line. *Nature*, 500(7461), 207.

12. http://scienceon.hani.co.kr/396048

13. Ben-David, U., Siranosian, B., Ha, G., Tang, H., Oren, Y., Hinohara, K., ... & Nag, A. (2018). "Genetic and transcriptional evolution alters cancer cell line drug response". *Nature*, 560(7718), 325.

Hynds, R. E., Vladimirou, E., & Janes, S. M. (2018). The secret lives of cancer cell lines. *Disease Models & Mechanisms*, 11.

29장 인간과 과학자—과학과 인본주의

1. 테렌티우스가 했다고 알려진 이 말의 원문은 "Homo sum, humani nihil a me alienum puto - 나는 인간이다. 인간과 관계되는 것은, 반드시, 나와 상관한다"이지만, 나는 이 말을 마르크스가 자신의 딸들과 즐겼다는 고백 놀이의 답에서 알게 되었다. 정윤수는 이 말을 "인간적인 것 가운데 나와 무관한 것은 없다"라고 옮겼다. http://blog.ohmynews.com/booking/260904

2. 마르크스는 딸들과의 고백 놀이에 채운 답변에서, 자신의 좌우명으로 철학자 데카르트의 유명한 격언을 채웠다.

3. https://www.huffingtonpost.kr/2015/08/26/story_n_8041226.html

4. 최정규. (2009). 이타적 인간의 출현. PURIWA IPARI. 최정규. (1999). 게임이론과 인간의 본성. 동향과 전망, 287-294.

5. 필자의 다음 글을 참고할 것. 김우재. (2015). [야! 한국사회] 샤머니즘 국가. 한겨레신문

6. Hogben, L. (1939). "Science for the Citizen". *Science and Society*, 3(4)

7. Michael, B., & Hogben, L. (1946). "Chemoreceptivity of Drosophila melanogaster". *Proceedings of the Royal Society of London. Series B - Biological Sciences*, 133(870), 1 LP-19.

8. 호그벤의 일생에 관해서는 "Werskey G. (2016).《과학과 사회주의》. 송진웅 옮김. 한국문화사."를 참고하거나 송진웅의 논문 "송진웅. (2001). 1930-50년대 영국의과학시민의식운동과 L. Hogben 의 Science for the Citizen. 한국과학교육학회지, 21(2), 385-399."을 참고할 것.

9. 송진웅 (2001) 1930-50년대 영국의과학시민의식운동과 L. Hogben 의 Science for the Citizen. 한국과학교육학회지, 21(2), 385-399.

10. 김우재. (2018). [야! 한국사회] 학술시장의 부패. 한겨레신문.

11. 김우재. (2011). 과학과 사회운동의 사이에서 - 존 벡위드, 과학과 사회운동 사이에서 서평. 사이언스타임즈.

12. 서민우. (2016). 관점의 순환, 내 적의 친구는 나의 적인가? 혹은 내 친구 의 친구는 나의 친구인가?: 게리 워스키의《과학과 사회주의》와《과학…… 좌파》를 읽는 멀고 도 가까운 방법.

13. Werskey G. (2014).《과학……좌파》. 김명진 옮김. 이매진.

30장 야생 속으로

1. Krogh, A. (1929). "The progress of physiology." *American Journal of Physiology-Legacy Content*, 90(2), 243-251

2. Schmidt-Nielsen, B. (1984). "August and Marie Krogh and respiratory physiology". *Journal of Applied Physiology*, 57(2), 293-303.

3. https://www.thecanadianencyclopedia.ca/en/article/the-discovery-of-insulin

4. http://biz.chosun.com/site/data/html_dir/2017/12/21/2017122102286.html

5. Krogh, A. (1929). "The progress of physiology". *American Journal of Physiology-Legacy Content*, 90(2), 243-251.

6. Krebs, H., Gracey, A., Ewart-toland, A., & Lambrechts, D. (2003). "Krogh's principle for a new era." *Nature Genetics*, 34(4), 345-346. https://doi.org/10.1038/ng0803-345

7. Green, S., Dietrich, M. R., Leonelli, S., & Ankeny, R. A. (2018). "'Extreme' organisms and the problem of generalization: interpreting the Krogh principle". *History and Philosophy of the Life Sciences*, 40(4), 65. http://doi.org/10.1007/s40656-018-0231-0

8. Dietrich, M. R., Ankeny, R. A., & Chen, P. M. (2014). Publication trends in model organism research. *Genetics*, 198(3), 787-794. doi:10.1534/genetics.114.169714

9. 다음 글들을 참고할 것.

Bolker, J. (2012). "Model organisms: There's more to life than rats and flies". *Nature*, 491(7422), 31-3. http://doi.org/10.1038/491031a

https://elifesciences.org/articles/06956 "The Natural History of Model Organisms: New opportunities at the wild frontier"

https://elifesciences.org/articles/06793 "The Natural History of Model Organisms: The secret lives of Drosophila flies"

https://www.quantamagazine.org/biologys-search-for-new-model-organisms-20160726/ "Biologists Search for New Model Organisms"

https://www.ncbi.nlm.nih.gov/pmc/articles/PMC3937082/ "A future of the model organism model"

https://bmcbiol.biomedcentral.com/articles/10.1186/s12915-017-0391-5 "Non-model model organisms"

http://cshprotocols.cshlp.org/site/emo/

https://www.cshlpress.com/default.tpl?cart=155078162627162494&fromlink=T&linkaction=full&linksortby=oop_title&--eqSKUdatarq=688

https://www.cell.com/trends/cell-biology/comments/S0962-8924(16)30122-2 "The Future of Cell Biology: Emerging Model Organisms"

나오며: 모델생물이 바꾸는 생물학의 인식론

1. 지금부터 다룰 주제에 대한 힌트는 다음의 논문에서 얻었다. Ankeny, R. A., & Leonelli, S. (2011). "What's so special about model organisms?". *Studies in History and Philosophy of Science Part A*, 42(2), 313-323.

하지만 이 논문이 다루는 주제는 지나치게 산만하고 현장의 생물학자가 보기엔 현학적이다. 저자들에겐 현장생물학자의 경험이 부족해 보인다. 실제로 두 저자 모두 철학과 역사학 전공자로, 생물학 실험실에 대한 현장지가 없다.

2. Erick Peirson B. R., H. Kropp, J. Damerow, and M. D. Laubichler. (2017) "The diversity of experimental organisms in biomedical research may be influenced by biomedical funding". *Bioessays* 39.

3. 위 논문의 1번 그림을 참고할 것.

4. 앞으로 펼쳐질 논증은 다음 논문에서 영감을 얻었다. Burian, R. M. (1993). "How the choice of experimental organism matters: Epistemological reflections on an aspect of biological practice". *Journal of the History of Biology*, 26(2), 351-367. 버리언은 모델생물의 선택과정과 그 역사적 우연을 잘 서술해놓았으니, 그의 논문을 통해 모델생물의 역사에 대한 일반적인 개괄을 할 수 있다.

5. Beery, A. K., & Zucker, I. (2011). "Sex bias in neuroscience and biomedical research". *Neuroscience & Biobehavioral Reviews*, 35(3), 565-572.

6. 필자의 책《플라이룸》을 참고할 것.

7. Félix, M. A., & Braendle, C. (2010). "The natural history of Caenorhabditis elegans". *Current biology*, 20(22), R965-R969.

8. 전통적인 모델생물이 유리했던 이유는, 그들이 유전학적 도구를 제공한다는 편리함과 비용이 싸다는 정도의 실용성 때문이었지만, 생물학의 경이는 자연계에 존재하는 다양한 종들이 진화과정에서 만들어낸 전략들을 연구하는 과정에서 얻어지게 될 것이다. 책을 출판하기 직전, '모기' 장에 등장하는 록펠러 대학의 레슬리 보쉘 교수가 나와 비슷한 생각으로 쓴 리뷰 논문을 읽었다. 이제 정말 생물학자들이 야생 속으로 전진할 시간이다. How to turn an organism into a model organism in 10 'easy' steps. Benjamin J. Matthews, Leslie B. Vosshall, *Journal of Experimental Biology* 2020 223: jeb218198 doi: 10.1242/jeb.218198 Published 7 February 2020 논문은 온라인에서 무료로 볼 수 있다. https://jeb.biologists.org/content/223/Suppl_1/jeb218198

도판 저작권

15쪽 벼룩. (Olha Schedrina/The Natural History Museum/CC BY 4.0)
22쪽 Bob Goldstein/CC BY-SA 4.0
29쪽 Kukski/CC BY-SA 4.0
36쪽 Photo by Eric Erbe, digital colorization by Christopher Pooley, both of USDA, ARS, EMU/Public domain
42쪽 H. Krisp/CC BY 3.0
48쪽 Dartmouth Electron Microscope Facility, Dartmouth College/Public domain
55쪽 Mogana Das Murtey and Patchamuthu Ramasamy/CC BY-SA 3.0
62쪽 Roland Gromes/CC BY-SA 3.0
71쪽 Johann Georg Sturm (Painter: Jacob Sturm)/Public domain
78쪽 Francisco Manuel Blanco (O.S.A.)/Public domain
81쪽 Keith Weller, USDA/Public Domain
87쪽 Columbia University, New York/Public domain
94쪽 Museum of Veterinary Anatomy FMVZ USP/Wagner Souza e Silva/CC BY-SA 4.0
101쪽 John Gerrard Keulemans/Public domain
108쪽 Angelica Kaufmann/CC BY 4.0
120쪽 Leszek Leszczynski/CC BY 2.0
121쪽 J. C. C. Loman/Public domain
129쪽 Pogrebnoj-Alexandroff/CC BY-SA 3.0
136쪽 MUSE/CC BY-SA 3.0
143쪽 ©Nevit Dilmen/CC BY-SA 3.0
151쪽 George Shuklin/CC BY-SA 1.0
159쪽 JJ Harrison(https://www.jjharrison.com.au)/CC BY-SA 3.0
167쪽 John Gould/Public domain
174쪽 Image courtesy of BHL/Public domain
181쪽 Image courtesy of BHL/Public domain

189쪽 Johan Spaedtke/CC0

196쪽 Image courtesy of BHL/Public domain

203쪽 Jean-Raphaël Guillaumin from Lausanne, Suisse/CC BY-SA 2.0

215쪽 Coloured drawing by A.J.E. Terzi/Wellcome Collection/CC BY 4.0

222쪽 Dr. Cecil Fox(photo)/Public domain

230쪽 creativemarc/Shutterstock

247쪽 다윈이 탔던 HMS 비글호 모습. (R. T. Pritchett/Public domain)

부록: 모델생물 연표

1900년 옥수수*Zea mays*: 코렌스가 멘델의 발견을 재확인하다.

1902년 생쥐*Mus musculus*: 윌리엄 캐슬이 유전학 연구를 시작하다.

1909년 초파리*Drosophila melanogaster*: 모건이 초파리를 모델생물로 선택하다.

1913년 옥수수: 에머슨과 이스트가 정량유전학에서 기념비적인 논문을 출판하다.

1915년 초파리: 멘델 유전학을 다룬 첫 책을 모건과 그의 동료들이 출판하다.

1927년 붉은빵곰팡이*Neruspora crassa*: 코넬리우스 시어와 버나드 도지가 곰팡이의 성적 순환을 발견하고, 배우자형에 대해 기술하다.

1930년 녹조류*Chlamydomonas reinhardtii*: 프란츠 뫼부스가 유전자 도구를 개발하다.

1935년 효모*Saccharomyces cerevisiae*: 오이빈 윈지가 단배체 혹은 다배체형 생애주기를 설명하다.

1937년 원생생물*Paramecium spp*: 트레이시 소네본과 허버트 제닝스가 실험실 교배에 성공하고 배우자형을 정의하다.

1939년 박테리오파지T phages: 에모리 엘리스와 델브뤼크가 단일단계 성장이라는 이론으로 복제 사이클을 설명하다.

1941년 붉은빵곰팡이: 비들과 테이텀이 최초의 생화학적 돌연변이를 골라내다.

1943년 애기장대*Arabidopsis thaliana*: 라이바흐가 유전학과 발생학 프로그램을 개시하다.
효모: 린데그렌이 헤테로탈릭 계대로 유전학을 시작하다.

1944년 박테리오파지: 델브뤼크가 파지그룹을 창시하다.

1946년 대장균*Escherichia coli*: 레더버그와 테이텀이 유전자 교환을 발견하다.
효모: 보리스 에프루시가 세포질 변이를 발견하다.

1949년 효모: 허셜 로만이 미국 주류 유전학을 시작하다.

1950년 녹조류: 랠프 르윈과 루스 세이거가 핵과 세포소기관에 대한 유전학 연구를 시작하다.

옥수수: 매클린톡이 이동유전자에 대해 기술하다.

1951년 람다 파지: 레더버그 실험실에서 파지와 특수한 형질도입transduction 현상을 발견하다.

1952년 파지P22: 노튼 진더와 레더버그가 형질도입을 발견하다.

1953년 사상균*Aspergillus nidulans*: 귀도 폰테코르보가 유전과 패러섹슈얼 체계에 대해 기술하다.

1954년 붉은빵곰팡이: 붉은빵곰팡이의 첫번째 주요 유전자 지도가 출판되다.

1956년 녹조류: 로버트 폴 레빈이 중요한 유전 프로그램을 개발하다.

1958년 녹조류: 니콜라스 길햄이 엽록체 유전학을 시작하다.

섬모충류*Tetrahymena thermophila*: 샐리 앨런과 데이비드 내니가 유전적 체계를 기술하다.

1960년 대장균: 엘리 울먼과 프랑수아 자코브가 유전적 체계를 기술하다.

1965년 애기장대: 첫번째 애기장대 국제 심포지엄이 열리다.

예쁜꼬마선충*Caenorhabditis elegans*: 브레너가 신경발생의 유전학적 프로그램을 제안하다.

1966년 인간: 인간의 멘델리안 유전에 대한 첫번째 판본이 출판되다.

1974년 예쁜꼬마선충: 중요한 유전학 논문이 출판되다.

1980년 초파리: 뉘슬라인폴하르트와 에릭 비샤우스가 발생학 돌연변이들을 골라내다.

1981년 제브리피시: 다량증식법에 관한 논문이 출판되다.

1984년 애기장대: 레슬리 로이트빌러 등이 유전체의 크기를 결정하다.

1986년 제브라피시: 중요한 유전학 논문이 출판되다.

1996년 제브라피시: 발생학 돌연변이에 대한 대규모 스크리닝이 시작되다.

효모: 유전체가 해독되다.

1997년 대장균: 유전체가 해독되다.

1998년 예쁜꼬마선충: 유전체가 해독되다.

2000년 애기장대: 유전체가 해독되다.

초파리: 유전체가 해독되다.

2001년 인간: 유전체가 해독되다.

2002년 생쥐: 유전체가 해독되다.

2003년 곰팡이: 유전체가 해독되다.

선택된 자연

생물학이 사랑한
모델생물 이야기